헤어 컷 디자인 베이직

Hair Cut Design Basic

헤어 컷 디자인 베이직

Hair Cut Design Basic

초판 인쇄 2019년 2월 25일
초판 발행 2019년 3월 5일
개정1판 발행 2021년 3월 10일
개정2판 발행 2024년 2월 20일

지은이 공차숙, 이정현, 정임전, 문소희
발행인 조규백

발행처 도서출판 구민사
주소 (07293) 서울특별시 영등포구 문래북로 116, 604호(문래동3가 46, 트리플렉스)
전화 (02)701-7421(~2)
팩스 (02)3273-9642
홈페이지 www.kuhminsa.co.kr

신고번호 제 2012-000055호(1980년 2월 4일)
ISBN 979-11-6875-345-7 (93590)

정가 26,000원

HAIR CUT DESIGN BASIC

헤어 컷 디자인 베이직

공차숙 / 이정현 / 정임전 / 문소희 지음

구민사

머리말

현대는 다양한 문화와 스타일이 교류하며 개성과 자유로운 감성이 추구되는 다문화 시대이다. 미(美)의식의 증가와 생활수준의 향상으로 소비자들의 요구는 다양해졌으며 헤어, 메이크업, 피부관리, 성형 등의 뷰티산업은 발전을 거듭하고 있다. 이 중 헤어커트 스타일은 남여를 막론하고 중요한 자기표현의 수단이 되고 있다.

이에 본서는 전문적인 헤어디자이너 양성을 위하여 헤어 커트에 필요한 이론과 실기를 체계적으로 정리하였다. 1장에서는 헤어디자인의 이해를 돕기 위한 디자인의 개념과 요소와 원리, 2장에서는 헤어 커트의 기초 개념, 헤어 커트 테크닉을 다루었으며 3장에서는 커트 도구와 가위의 조작을 통한 헤어 커트 디자인의 이론 설명에 중점을 두었다. 4~6장에서는 원랭스와 그래쥬에이션, 레이어의 기초 디자인을 바탕으로 개념과 특징, 구조그래픽과 시술 과정 등을 실제 시술 과정 사진을 통하여 설명하고 키포인트와 디자인 시트를 삽입하여 내용을 정리 할 수 있게 하였다. 또한 각 헤어 커트 디자인이 완성되고 나면 완성된 커트 디자인을 바탕으로 다양하게 스타일링하여 헤어 커트 디자인을 응용할 수 있는 방법을 제시하였다.

헤어 컷 디자인은 실무를 바탕으로 하는 분야로 책에 담긴 사진으로 설명하기에는 어려움이 있어 부족한 부분은 계속하여 수정 · 보완해나갈 것이며 본서가 미용산업과 학생들에게 도움이 되기를 바란다.

본서를 출판하기까지 사랑으로 지켜봐주시고 격려해주신 가족과 도서출판 구민사 조규백 대표님과 편집부 여러분들께 감사의 말씀을 전한다.

저자 일동

목차

머리말

Chapter 1 헤어 디자인의 이해

1. 헤어 디자인의 개념 013

2. 헤어 디자인의 요소 014

1) 형태(form) 014

2) 질감(texture) 016

3) 색상(color) 018

3. 헤어 디자인의 원리 020

1) 균형(balance) 020

2) 교대(alternation) 021

3) 대조(contrast) 022

4) 리듬(rhythm) 023

Chapter 2 헤어 컷의 기초

1. 두부의 포인트와 기본 라인 026

1) 두부의 기본 15포인트 027

2) 두부의 기본 라인 028

2. 헤어 컷의 요소 029

1) 블로킹(blocking) 029

2) 파트(part) 032

3) 섹션(section) 033

4) 슬라이스(slice) 036

5) 패널(panel) 036

6) 머리 위치(head position) 037

7) 각도(angle) 039

8) 베이스(base) 042

3. 헤어 컷 테크닉 047

1) 블런트 컷(blunt cut) 047

2) 테이퍼링 컷(tapering cut) 048

3) 스트록 컷(stroke cut) 049

4) 슬라이드 컷(slide cut) 050

5) 포인팅 컷(pointing cut) 051

6) 채널링 컷(channeling cut) 053

7) 브릭 컷(brick cut) 054

8) 트위스트 컷(twist cut) 054

9) 에칭 컷(ending cut) 055

10) 씨저 오버 콤(scissors over comb) 056

11) 백 커트(back cut) 057

Chapter 3 컷 도구와 가위의 조작

1. **컷 도구와 사용법** 060
   1) 가위(scissors) 060
   2) 틴닝가위(thinning scissors) 062
   3) 클리퍼(clipper) 064
   4) 레이저(razor) 065
   5) 빗(comb) 066
   6) 기타도구 068
2. **헤어 컷의 기본 자세** 069
3. **기본 가위 잡는 방법과 가위질** 070
4. **변형 가위 잡는 방법과 가위질의 변형** 072
   1) 각도 변환 가위질(변형 1) 072
   2) 수직 가위질(변형 2) 073
5. **가위의 회전** 074
6. **빗 회전** 076

Chapter 4 원랭스

1. **원랭스의 개괄** 080
   1) 구조(structure) 081
   2) 섹션(section) 082
   3) 각도(angle) 083
   4) 텐션과 빗질(tension & combing) 084
   5) 원랭스 컷의 형태 085
   6) 체크 포인트(check point) 086
   7) 원랭스 컷 시술 시 밸런스 체크 부위 087
   8) 원랭스 컷 시술 시 주의사항 087
2. **수평 원랭스(horizontal one length) I** 088
   1) 구조(structure) 088
   2) 섹션(section) 089
   3) 테크닉(technic) 089
   * 시술과정(processing) 090
   * 스타일링(styling) 096
3. **수평 원랭스(horizontal one length) II** 100
   1) 구조(structure) 100
   2) 섹션(section) 101
   3) 테크닉(technic) 101
   * 시술과정(processing) 102
   * 스타일링(styling) 110
4. **전대각 원랭스(diagonal forward one length)** 114
   1) 구조(structure) 114
   2) 섹션(section) 115
   3) 테크닉(technic) 115

* 시술과정(processing) 116
* 스타일링(styling) 121
5. 후대각 원랭스(diagonal backward one length) 124
1) 구조(structure) 124
2) 섹션(section) 125
3) 테크닉(technic) 125
* 시술과정(processing) 126
* 스타일링(styling) 131

Chapter 5 그래쥬에이션

1. 그래쥬에이션의 개괄 137
1) 구조(structure) 138
2) 섹션(section) 138
3) 각도(angle) 140
4) 체크 포인트(check point) 142
5) 그래쥬에이션 컷 시술 시 주의사항 142
2. 로우 그래쥬에이션(low graduation) 143
1) 구조(structure) 143
2) 섹션(section) 144
3) 테크닉(technic) 144
* 시술과정(processing) 145
* 스타일링(styling) 149
3. 미디움 그래쥬에이션(medium graduation) 152
1) 구조(structure) 152
2) 섹션(section) 153
3) 테크닉(technic) 153
* 시술과정(processing) 154
* 스타일링(styling) 157
4. 하이 그래쥬에이션(high graduation) 160
1) 구조(structure) 160
2) 섹션(section) 161
3) 테크닉(technic) 161
* 시술과정(processing) 162
* 스타일링(styling) 166
5. 클래식 그래쥬에이션(classic graduation) 170
1) 구조(structure) 170
2) 섹션(section) 171
3) 테크닉(technic) 171
* 시술과정(processing) 172
* 스타일링(styling) 180
6. 라운드 그래쥬에이션(round graduation) 184
1) 구조(structure) 184
2) 섹션(section) 185
3) 테크닉(technic) 185
* 시술과정(processing) 186
* 스타일링(styling) 194
7. 숏 그래쥬에이션(short graduation) 198
1) 구조(structure) 198
2) 섹션(section) 199
3) 테크닉(technic) 199
* 시술과정(processing) 200
* 스타일링(styling) 211

Chapter 6 레이어

1. 레이어의 개괄 216
   1) 구조(structure) 218
   2) 섹션(section) 219
   3) 각도(angle) 220
   4) 질감(texture) 221
   5) 레이어 컷 시술 시 주의사항 221
2. 베이직 레이어(basic layer) Ⅰ 222
   1) 구조(structure) 222
   2) 섹션(section) 223
   3) 테크닉(technic) 223
   * 시술과정(processing) 224
   * 스타일링(styling) 228
3. 베이직 레이어(basic layer) Ⅱ 232
   1) 구조(structure) 232
   2) 섹션(section) 233
   3) 테크닉(technic) 233
   * 시술과정(processing) 234
   * 스타일링(styling) 244
4. 스퀘어 레이어(square Layer) 248
   1) 구조(structure) 248
   2) 섹션(section) 249
   3) 테크닉(technic) 249
   * 시술과정(processing) 250
   * 스타일링(styling) 257
5. 포워드레이어(forward Layer) 260
   1) 구조(structure) 260
   2) 섹션(section) 261
   3) 테크닉(technic) 261
   * 시술과정(processing) 262
   * 스타일링(styling) 269

용어 정의 272

참고 문헌 276

Chapter

헤어 디자인의 이해

1. 헤어 컷 디자인의 개념
2. 헤어 디자인의 요소
3. 헤어 디자인의 원리

1. 헤어 컷 디자인의 개념

헤어 컷 디자인(hair cut design)은 모발을 소재로 선, 방향, 질감을 사용하여 조형을 창출하는 작업이다. 또한 헤어 컷 디자인은 기본 헤어 디자인의 테크닉으로 펌과 염색, 업스타일, 헤어바이나이트 등 전문적인 시술의 바탕이 되며 전체적인 조화를 염두에 두고 형태를 만들어 나가기 때문에 헤어 컷을 헤어 디자인이라고 한다.

헤어 컷 디자인은 아름다움을 표현하는 창조적 구성 요소와 함께, 단순히 아름다움을 표현하는 수단이기 이전에 실용성을 가지는 예술적, 과학적 개념을 포함하고 있다.

헤어 컷 디자인을 위해서는 모발의 길이를 일정하게 자르고 양감을 조절하는 균형감과 디자인의 조화, 웨이브의 움직임과 머릿결, 간결성 등의 기술 조합과 통제력, 아름다움을 표현하는 예술적인 감성이 고려되어야 한다. 이러한 요소들이 조화롭게 디자인되었을 때 창조적이며 전문성 있는 헤어 디자인이 완성된다.

2. 헤어 디자인의 요소

헤어 디자인은 형태, 질감, 색상의 요소를 응용, 병합하여 독창적이고 다양한 디자인을 만들어 내며, 이러한 조합 방식을 디자인 원리라고 한다.

1) 형태(Form)

헤어 디자인의 형태는 선(line), 방향(direction), 길이의 배열(length arrangement)을 통해 만들어진 구조가 외측으로 나타나는 모양(shape)을 말한다. 외각의 형태는 모발 전체를 펼친 구조 그래픽(structure graphic)으로 표현할 수 있으며, 중력 방향으로 떨어진 디자인의 아웃라인(out line)이 형태를 결정짓는다.

헤어 디자인에서 형태는 두상의 형태(shape of head), 목과 어깨의 형태(shape of neck, shoulder)를 고려하여 원랭스(one length), 그래쥬에이션(graduation), 레이어(layer), 다중디자인(multiple design) 등 고객에게 알맞은 형태를 선택한다.

1. 원랭스
2. 그래쥬에이션
3. 레이어
4. 다중디자인

2) 질감(Texture)

질감은 촉각과 시각으로 느껴지는 머릿결을 말하는 것으로 직모(straight hair), 곱슬모(curly hair), 파상모(wavy hair) 등 원래 가지고 있는 모발 형태에 따라 차이가 나며, 컷 테크닉(cut technic)과 형태(form), 펌(perm), 염색(colouring)으로 다양한 느낌을 낼 수 있다.

모발의 느낌은 거친(harsh), 부드러운(soft), 뻣뻣한(wiry), 부스스한(disheveled) 등으로 표현된다. 직모, 층이 없는 원랭스 스타일(one length style)은 매끈하고 차분한 비활동적인 느낌(unactivated texture)을 내고 곱슬모, 파상모, 웨이브가 있는 펌 스타일(wave perm style)은 율동적이고 활동적인 느낌(activated texture)을 준다.

모발은 하나하나가 움직임을 가지고 있으므로 고객의 특성과 느낌을 강조할 수 있도록 두상의 형태를 고려하여 자연스러운 움직임을 돋보이게 하는 질감 처리(texturizing)를 하여야 한다.

1. 부드러운 질감
2. 부스스한 질감
3. 거친 질감
4. 딱딱한 질감

3) 색상(Color)

색상은 디자인 된 모발에 색깔을 입혀 아름다움을 더하고 개성을 표현하는 것을 말한다.

색상은 톤(tone)에 따라 무거움(heavy), 가벼움(light), 밝음(bright), 어두움(dark) 등 다른 느낌을 내며 특정 부위를 강조하거나 단점을 커버하는 역할을 한다. 같은 컷 형태라 하더라도 색상의 배합(mix)과 도포(application)된 위치에 따라 다른 특징을 표현할 수 있으므로 디자인 의도에 따라 적합한 색상과 도포 방법을 선택한다.

1. 무거움
2. 어두움
3. 가벼움
4. 밝음

3. 헤어 디자인의 원리

1) 균형(Balance)

균형(balance)은 디자인의 좌우 또는 상하, 앞뒤의 특징적인 요소들의 무게 균형이 평형을 이루는 것을 말한다. 특징적인 요소들이 평행을 이루거나 무게중심이 조화로운 것, 크기와 모양의 위치가 균일한 것을 균형(balance) 또는 대칭(symmetry)이라 하고, 특징적인 요소가 비평행을 이루거나 특징적인 요소가 한 곳 혹은 다른 비율로 보이는 것을 불균형(unbalance) 또는 비대칭(asymmetry)이라 한다.

균형

불균형

2) 교대(Alternation)

같은 컷 디자인, 질감, 색상 등의 요소가 같은 패턴으로 반복되는 것을 교대라 한다. 교대는 일률적이고 정리된 느낌을 주며 창조적인 헤어 디자인을 구성하는 요소로 작용한다.

세로 색상 교대

가로 색상 교대

3) 대조(Contrast)

대조는 서로 상반되는 요소가 돋보이는 것으로 컷 라인, 펌의 웨이브, 색상 등에서 찾아볼 수 있다. 대조를 사용한 디자인은 역동적이고 이색적인 느낌을 가지며 디자인의 다양성을 표현한다.

길이 대조

질감 대조

4) 리듬(Rhythm)

리듬은 연속적인 움직임이 있는 형태를 말한다. 리듬은 헤어 펌(hair perm), 업스타일(up style), 블로우드라이(blow dry) 등 형태의 곡선이 많거나 일련의 변화가 있는 곳에서 많이 볼 수 있다. 헤어 컷에서는 곡선의 연속으로 이어진 아웃라인(outline), 헤어 펌(hair perm)에서는 웨이브(wave)의 반복과 점점 커지거나 작아지는 직경의 변화로 리듬을 느낄 수 있다.

강한 리듬

약한 리듬

Chapter 2

헤어 컷의 기초

1. 두부의 포인트와 기본 라인
2. 헤어 컷의 요소
3. 헤어 컷 테크닉

1. 두부의 포인트와 기본 라인

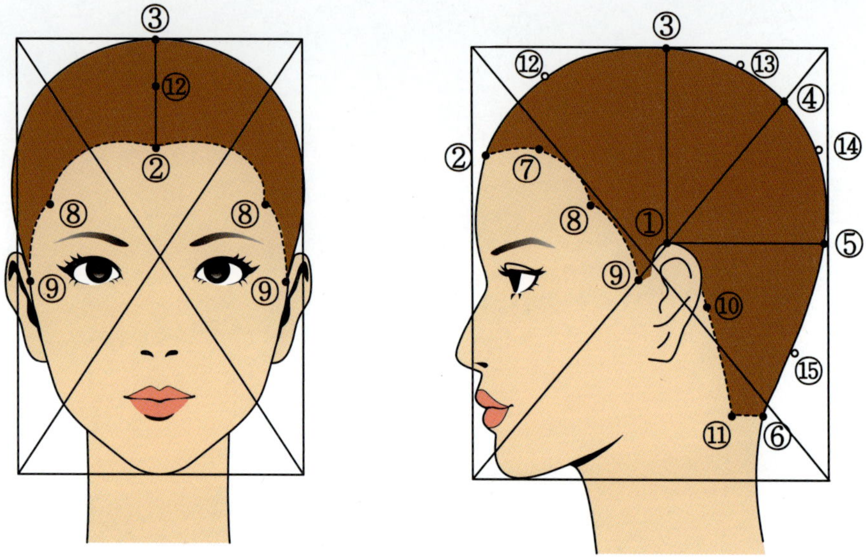

1) 두부의 기본 15 포인트

❶ E.P(Ear Point) : 귀에서 제일 높은 곳

❷ C.P(Center Point) : 이마의 페이스 라인 정중앙

❸ T.P(Top Point) : 두정부(top area)의 중앙으로 두상에서 제일 높이 솟은 곳

❹ G.P(Golden Point) : 톱 포인트(top point)에서 백 포인트(back point)로 이어지는 두상에서 움푹 들어간 곳

❺ B.P(Back Point) : 후두부(back area)의 중앙으로 백(back)에서 제일 튀어나온 곳

❻ N.P(Nape Point) : 목덜미의 중앙

❼ F.S.P(Front side Point) : 이마 양쪽의 관자놀이 위에 움푹 들어간 곳

❽ S.P(Side Point) : 측두부(side area) 페이스 라인의 정중앙

❾ S.C.P(Side Corner Point) : 귓바퀴가 시작되는 곳으로 측두부(side area) 헤어라인의 끝

❿ E.B.P(Ear Back Point) : 귓바퀴 뒷면의 정중앙

⓫ N.S.P(Nape Side Point) : 목 뒷선의 양 끝

⓬ C.T.M.P(Center Top Medium Point) : 센터 포인트(center point)와 탑 포인트(top point)의 중앙

⓭ T.G.M.P(Top Golden Medium Point) : 톱 포인트(top point)와 골든 포인트(golden point)의 중앙

⓮ G.B.M.P(Golden Back Medium Point) : 골든 포인트(golden point)와 백 포인트(back point)의 중앙

⓯ B.N.M.P(Back Nape Medium Point) : 백 포인트(back point)와 네이프 포인트(nape point)의 중앙

2) 두부의 기본 라인

❶ 정중선(center line) : 코를 중심으로 하여 C.P와 코 중앙, 턱 중앙을 수직으로 잇는 선

❷ 측중선(side center line) : 두상 측면을 중앙으로 잇는 선으로 T.P와 E.P에서 수직으로 내린 선

❸ 수평선(horizon) : 이어 포인트(E.P)의 높이를 수평으로 두른 선

❹ 리세션 에어리어(recession area): 양쪽 이마의 움푹 들어간 부분

❺ 홀슈 섹션(horseshoe section) : 두상의 둘레 중 가장 넓은 부분을 연결한 선

❻ 페이스라인(face line) : 사이드 코너 포인트(S.C.P)에서 센터 포인트(C.P), 반대편 사이드 포인트 (S.C.P)를 연결하는 선으로 모발이 난 선

❼ 목옆선(nape side line) : E.P에서 N.S.P를 연결한 선

❽ 목뒷선(nape back line) : N.S.P에서 N.S.P를 연결하는 선

❾ 옥시피탈 본(occipital bone) : 후두부의 센터 아래에서 툭 튀어나온 뼈

❿ 측두선 : F.S.P에서 두상의 곡면을 따라서 측중선과 만나는 선

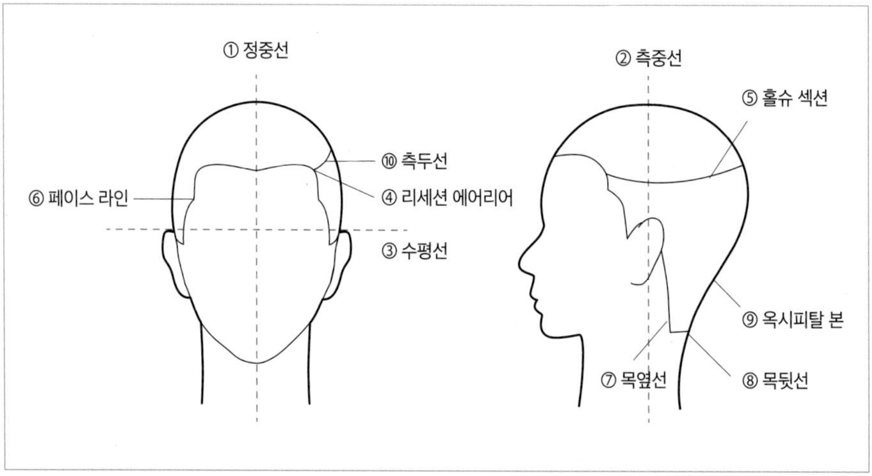

2. 헤어 컷의 요소

1) 블로킹(Blocking)

블로킹은 모발을 커트하기 위해 나누는 가장 큰 범위로, 컷 디자인의 구성에 따라 블로킹의 크기와 단위를 결정한다. 블로킹에 따라 두상의 구획이 정해지며 두상의 각 부분에 따라 특별한 명칭으로 지칭한다.

블로킹의 종류

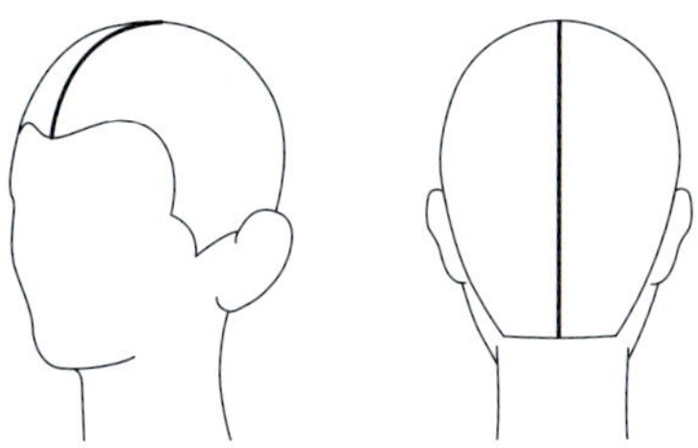

센터 파트(Center part) 2등분

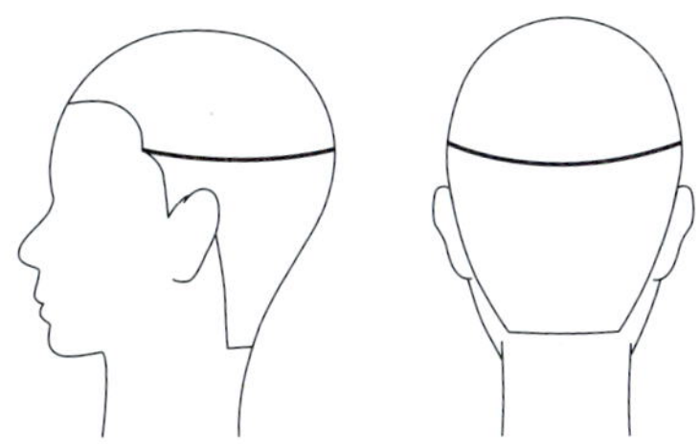

크레스트 라인(Crest line) 2등분

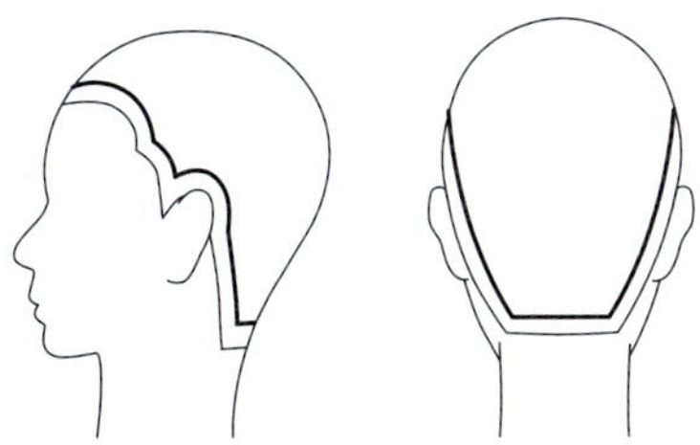

헤어 라인 파트(Hair line part)

지그재그 파트(Zigzag part) 2등분

블로킹의 종류

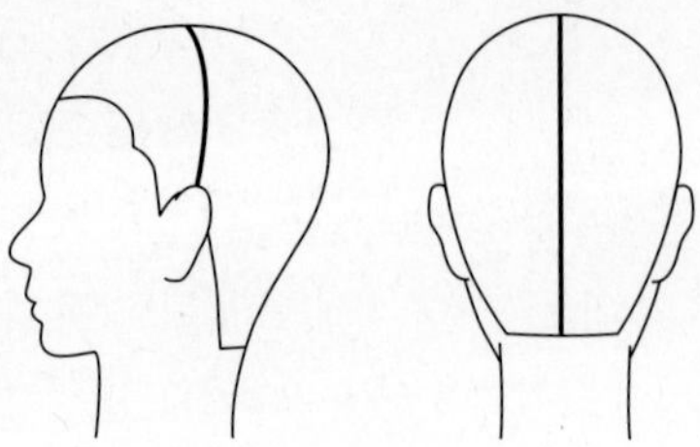
4등분

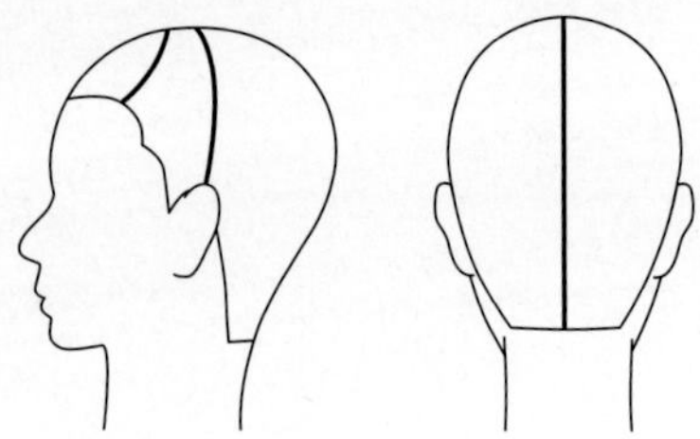
5등분

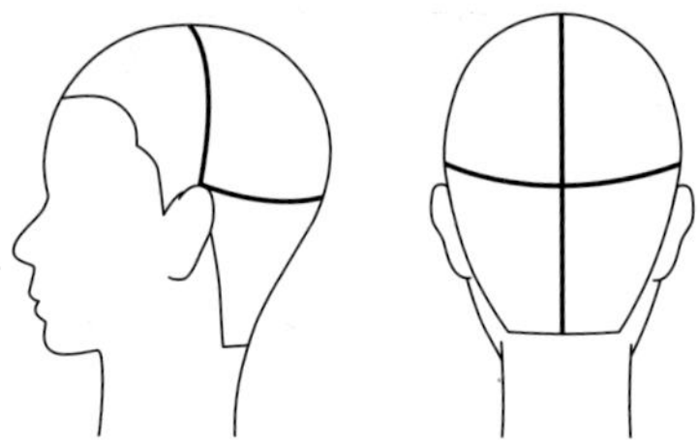
6등분

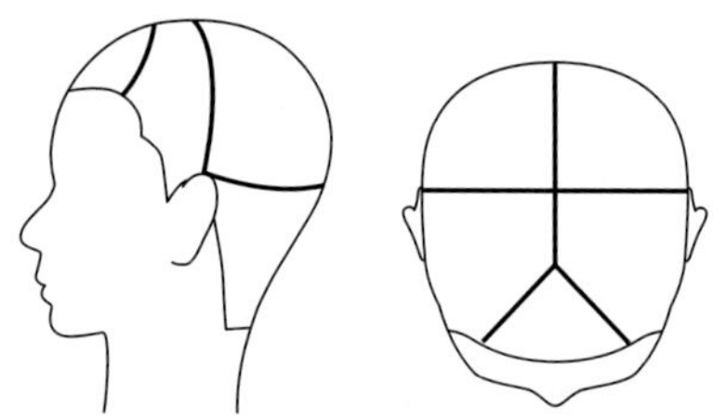
7등분

두부의 3등분 명칭

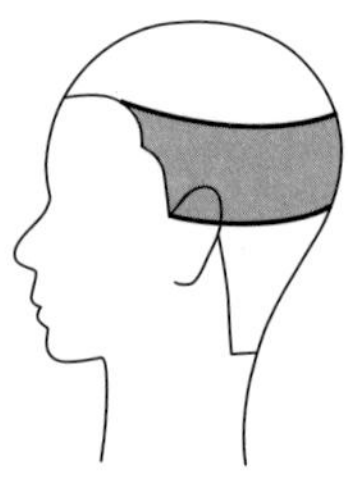
크레스트 라인(Crest line)

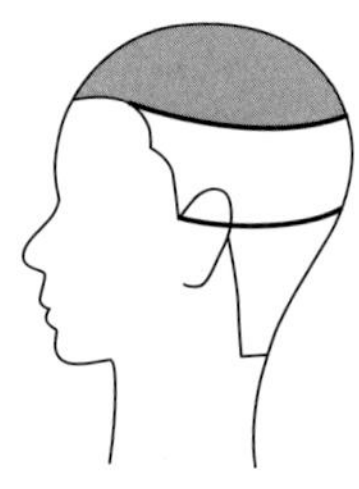
인테리어(Interior)

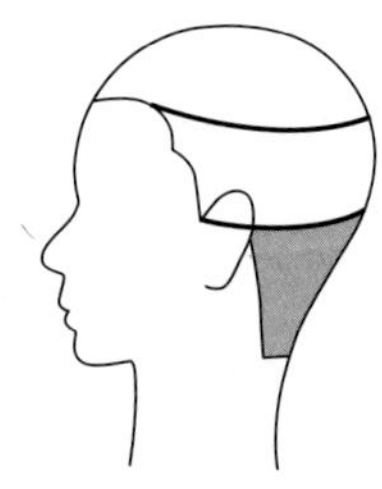
엑스테리어(Exterior)

두부의 5등분 명칭

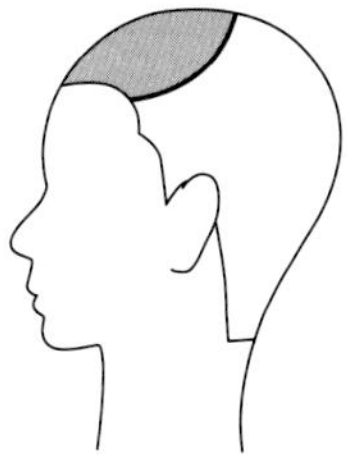

프론트(Front, 전두부)

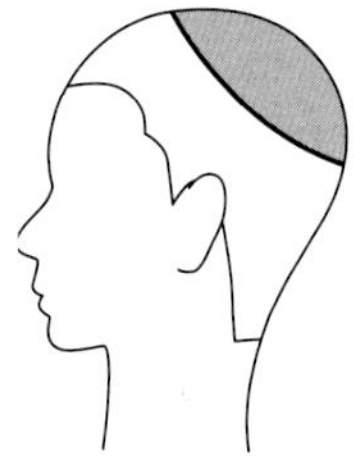

크라운(Crown, 두정부)

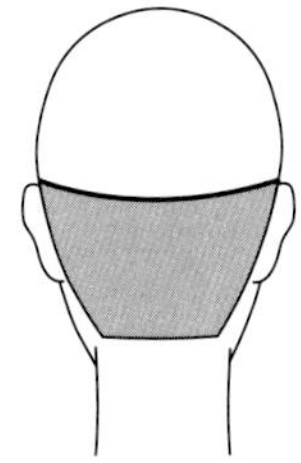

네이프(Nape, 후두부)

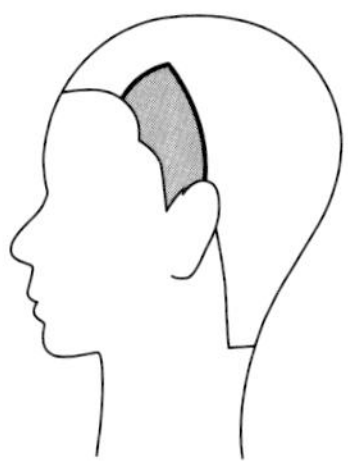

사이드(Side, 측두부)

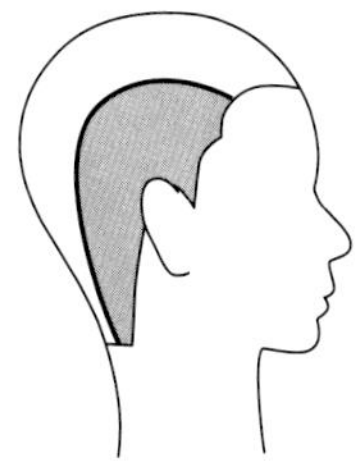

커브 섹션(Curve section)

2) 파트(Part)

헤어의 파트는 디자인의 이미지를 결정하며 헤어 컷의 시작점, 아웃라인, 균형에 영향을 미친다. 파트는 자연적인 모류의 움직임에서 결정되는 네츄럴 파트와 디자이너의 의도에 의해서 나누어지는 인위적 파트가 있는데, 어느 파트를 나눌지는 디자인과 실용성을 고려하여 결정한다.

헤어 파트의 종류

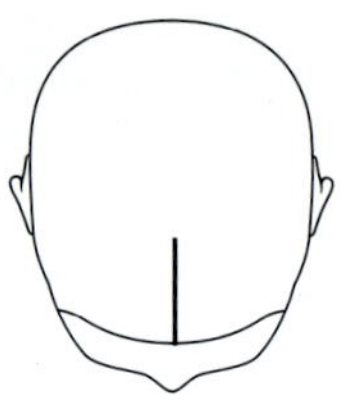

센터(Center)

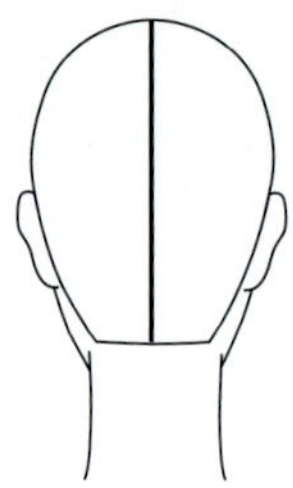

백 센터(Back center)

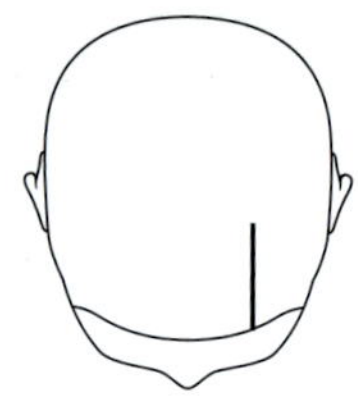

사이드(Side)

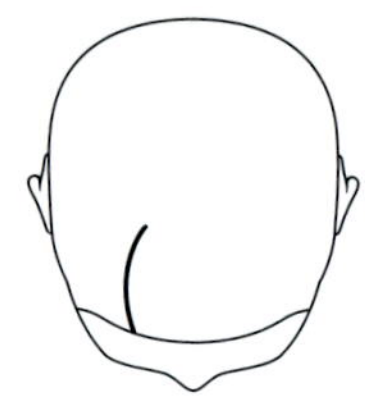

사이드 라운드(Side round)

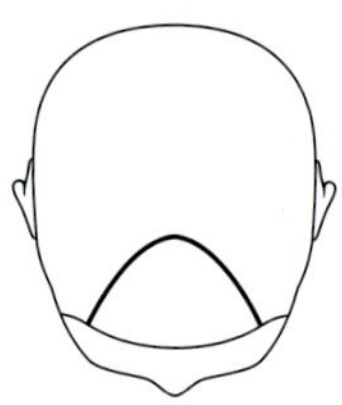

브이(V)

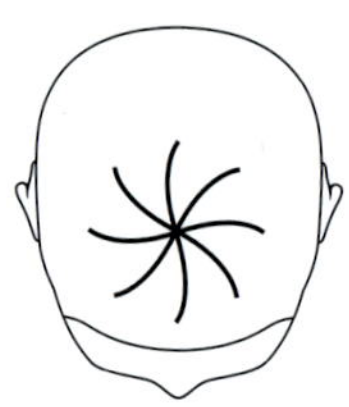

카우릭(Cowlick)

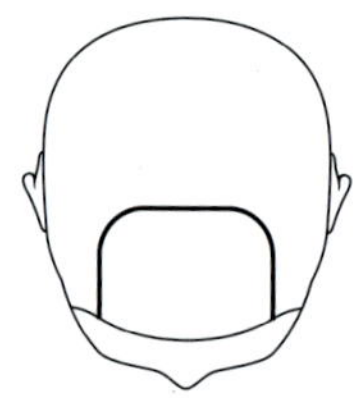

스퀘어(Square)

지그재그(Zigzag)

3) 섹션(Section)

블로킹보다 작은 단위로 커트할 때 용이하게 작은 단위로 나누는 것을 말한다. 커트의 형태와 관련하여 디자인 라인을 결정하는 중요한 요인이 되며 호리존탈(horizontal), 다이애거널(diagonal), 버티컬(vertical), 유라인(U-line), 에이라인(A-line) 등이 사용되며 섹션의 모양에 따라 아웃라인(out line)이 결정되는 경우가 많다. 의도된 디자인과 고객의 두상, 머리의 자연 성장 방향 등과 혼합형의 디자인인 경우 다른 형태와의 비율 관계로 섹션을 나누게 된다.

(1) 호리존탈 섹션(Horizontal Section)

❶ 정의 : 평면에 대하여 수평인 라인이며 두상을 수평으로 평행하게 긋는 섹션이다.

❷ 장점 : 무거운 라인을 만드는 원랭스 스타일에 용이하며 좌우의 밸런스를 맞추기가 쉽다.

❸ 단점 : 각도의 변환에 따른 층의 연결이 어려워 자유로운 느낌을 내기 어렵다.

(2) 버티컬 섹션(Vertical Section)

❶ 정의 : 평면에 대하여 수직인 라인을 말하며 위에서 아래로 내려오는 직각의 라인이다.

❷ 장점 : 모발의 부피를 없애는 레이어 컷 스타일에 시용하기 좋으며, 구조 그래픽을 이해하기 쉽고 무게와 아웃라인을 설정하기 용이하여 층의 연결이 자연스럽다.

❸ 단점 : 두상의 형태에 따른 위치 변화와 자세, 가위질, 빗질, 베이스에 대한 개념이 숙지되어 있지 않으면 이동에 따른 좌・우의 밸런스를 맞추기 어렵다.

❹ 특징 : 단차가 매끄럽게 연결되고 무게의 아웃라인 설정이 쉽다. 무게감이 없는 부드러운 스타일을 만들기 용이하지만 헴 라인(hem line)의 영향을 많이 받는다.

(3) 다이애거널 섹션(Diaganal Section)

❶ 정의 : 평면에 대하여 사선인 라인으로 두상을 대각으로 가르는 섹션이다.

❷ 장점 : 디자인 라인의 방향성과 입체감을 표현하는데 효과적이며 부드러운 단차를 만드는 그래쥬에이션 스타일에 효과적이다.

❸ 단점 : 슬라이스의 각도를 디자인에 맞게 조절하지 않으면 층의 연결이 부자연스럽다.

❹ 종류

ⓐ 전대각(Diagonal Forward Section) : 후두부(back)에서 사이드(side)로 향하게 섹션 (section)을 나누며 위쪽에서 아래쪽으로 내려오는 방향이다.

ⓑ 후대각(Diagonal Backward Section) : 사이드(side)에서 후두부(back)로 향하게 섹션을 나누며 아래쪽에서 위쪽으로 올라가는 방향이다.

(4) 피봇 라디얼 섹션(Pivot Radial Section)

❶ 정의 : 중심점을 기준으로 방사형으로 나누는 섹션이며 라디얼 섹션(radial section)이라고도 한다.

❷ 장점 : 두상의 곡면에 적합한 삼각형의 섹션(section)이 만들어지고 크라운 에어리어(crown area) 둘레의 곡선 부분을 커트하는데 용이하다.

❸ 단점 : 두상의 모양에 따라 각 섹션의 비율이 달라질 수 있으므로 주의한다.

섹션의 종류

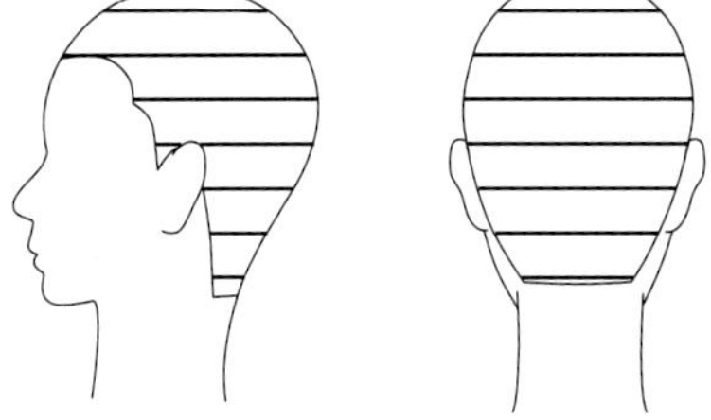

호리존탈 섹션

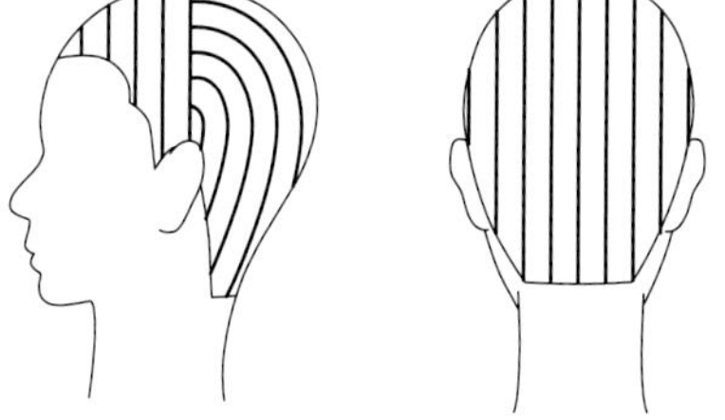

버티컬 섹션

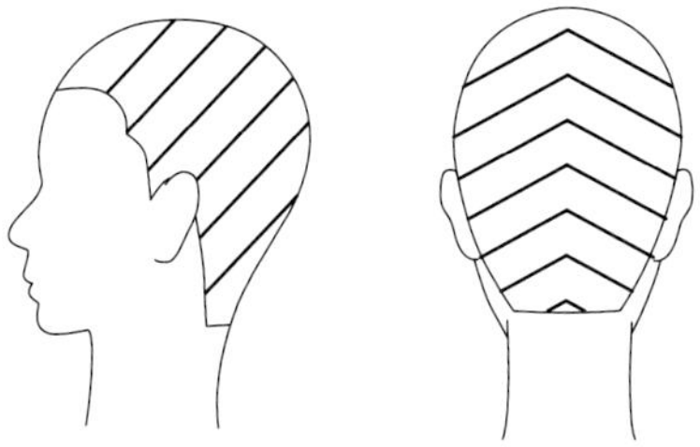

다이애거널 포워드 섹션

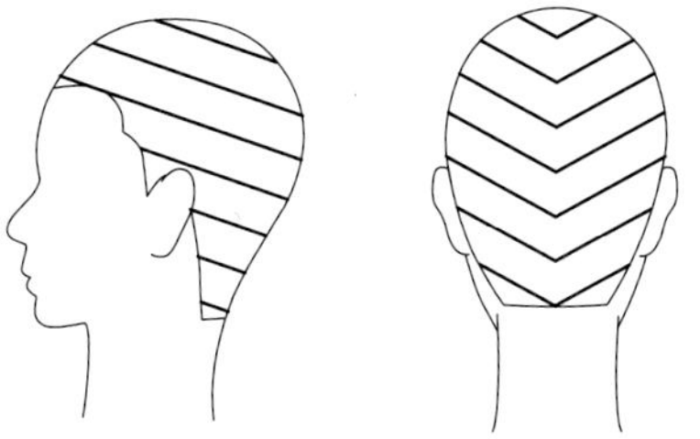

다이애거널 백워드 섹션

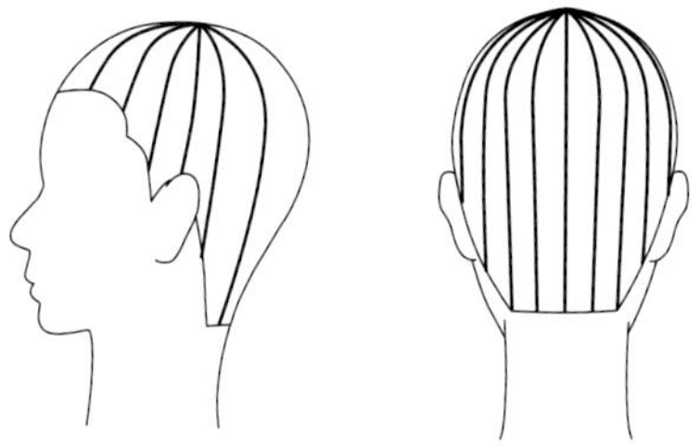

피봇 라디얼 섹션

4) 슬라이스(Slice)

섹셔닝(sectioning)한 모량을 더 작게 나누는 것을 의미하며 세심한 질감처리 및 정교한 커트 표현에 주로 쓰인다.

5) 패널(Panel)

커팅 시 섹션이나 슬라이스를 떴을 때 생기는 직사각형 모양의 일정한 모량을 말한다.

섹션의 종류

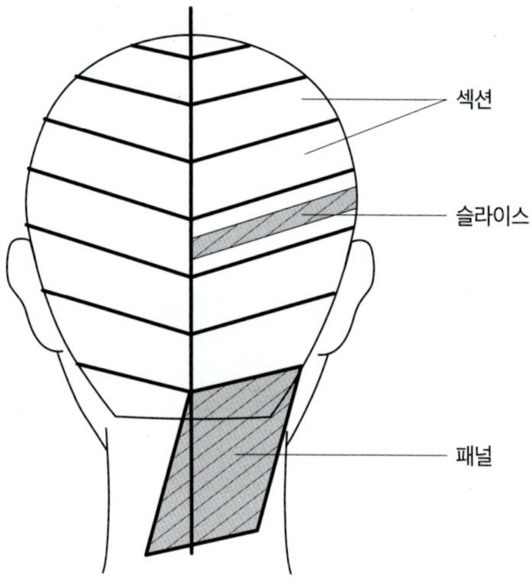

6) 머리 위치 (Head Position)

머리 위치는 빗질에 직접적으로 영향을 미치게 되며 머리의 질감(texture)과 방향(direction)에 영향을 준다. 특히 헤어 컷을 시술할 때 머리의 위치가 모발의 길이에 영향을 미치므로 머리 위치를 조절하여 커트를 진행하면 의도된 효과를 극대화시킬 수 있다.

(1) 앞쪽으로 기울어진 형

모발의 겉면이 조금씩 길게 잘리는 효과로 모발이 안쪽으로 말려들어가 속마름 효과를 나타내며 특히 원랭스 컷에 사용하면 밖으로 뻗치지 않아 효과적이다. 주로 형태선의 끝마무리로 많이 사용한다.

(2) 똑바른 형(Upright)

가장 자연스럽고 의도한 형태의 고른 효과를 볼 수 있다.

(3) 뒤로 젖힌 형

목을 뒤로 젖힌 상태에서 커트 후 머리를 똑바로 세우면 네이프 부근의 모발보다 탑쪽에서 내려오는 표면의 모발이 짧게 잘려서 바깥말음의 효과가 생기며, 바깥쪽 길이가 의도된 길이보다 짧아져서 층이 생기게 된다.

(4) 옆으로 기울인 형

형태선의 쉬운 마무리나 원랭스 커트 시 이어 포인트(E.P) 부분에 단차가 생기지 않게 하기 위해 사용하는 방법으로, 머리를 옆으로 기울였다 바로 하면 앞쪽으로 기울어진 형과 같이 바깥쪽 모발이 길게 커트되어 안말음 효과를 낼 수 있다.

머리의 위치

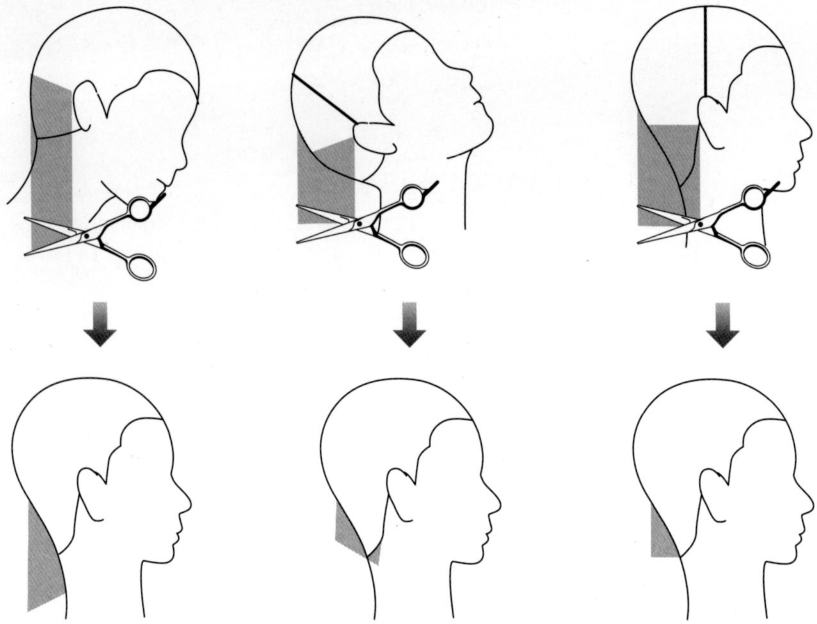

앞쪽으로 기울인 형　　뒤로 젖힌 형　　똑바른 형

7) 각도(Angle)

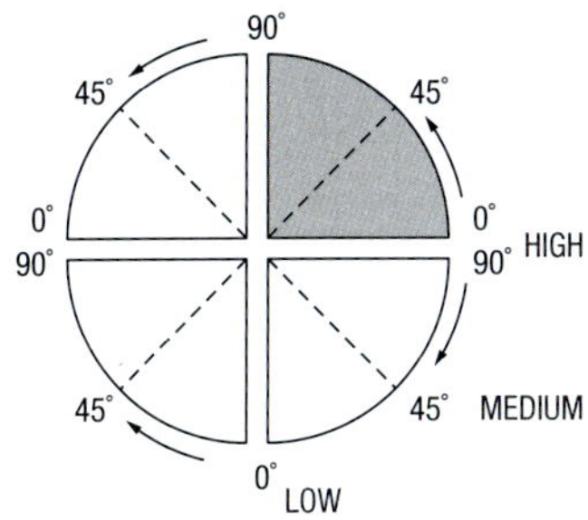

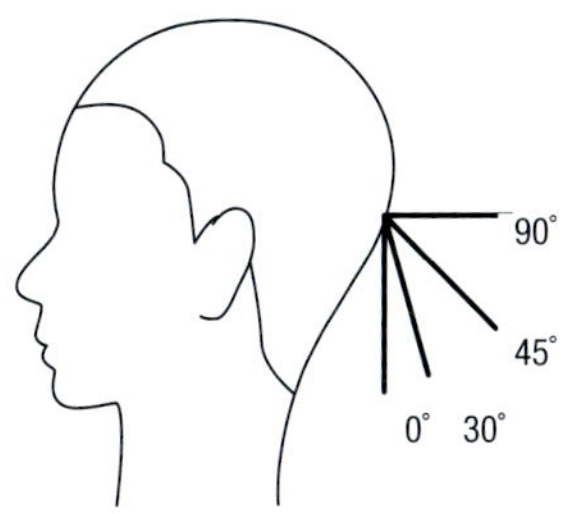

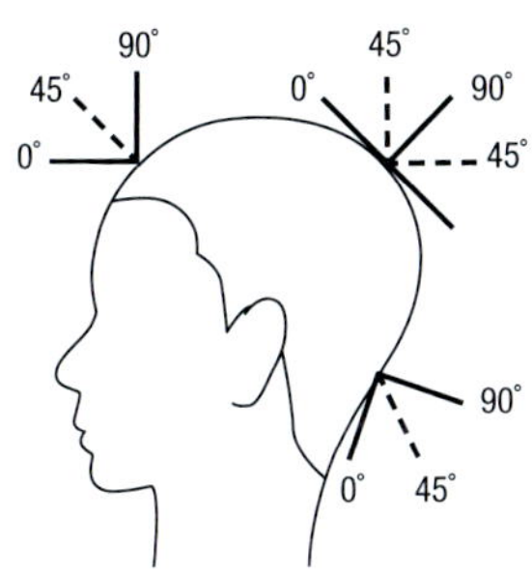

각도는 컷 디자인에 따라 다르게 사용되는데 어느 각도를 사용하느냐에 따라 다양한 디자인의 컷을 할 수 있다. 헤어 컷을 시술할 때는 두상과 섹션, 가위의 각도를 고려하여 디자인을 구사한다. 일반적으로 각도는 중력에 의해 떨어지는 각도인 천체축에 의한 각도(celestial axis)를 자연시술각이라고 하고 두상의 곡선에 의해 생기는 두상에 의한 각도(head angle)를 일반 시술각이라고 한다. 그 외 손가락에 의한 각도(finger angle)를 사용한다.

(1) 시술각의 분류

❶ 자연시술각(Natural Fall)

중력이 작용하는 방향으로 모발이 자연스럽게 떨어지는 그대로의 방향을 말하며 전체적인 형태, 질감, 형태선의 방향과 특성을 파악할 수 있다. 주로 원랭스나 그래쥬에이션 형태와 같이 각도가 없거나 아래로 떨어지는 선에서 형태를 파악할 수 있는 디자인에 주로 쓰인다.

❷ 일반시술각(Normal Projection)

두상의 곡면으로부터 생기는 각도를 의미하며 두상으로부터 모든 모발이 90°로 들어진 상태를 말한다. 두상의 곡면에 붙은 각을 0°라 하며 각도를 많이 들어서 디자인하는 인크리스 레이어(increase layer)와 유니폼 레이어(uniform layer)에 주로 사용한다.

❸ 손가락에 의한 각도(Finger Angle)

손가락의 굵기에 따라 차이가 있으나 보통 손가락 하나를 15°로 사용하며 손가락을 더해서 생기는 각도를 말한다. 그래쥬에이션과 같이 각도가 일정하게 유지되어야 하는 컷에 주로 사용한다.

(2) 헤어 컷의 형태에 따른 시술각도

헤어 컷은 형태에 따라 다양한 시술각도를 사용한다. 헤어 컷 디자인에서 시술각도는 층의 유무, 층의 정도와 관계가 깊으며, 시술각도가 높을수록 층이 많이 생기고 가벼운 컷을 할 수 있다. 원랭스와 같이 층이 없거나 그래쥬에이션 컷과 같이 층이 적은 컷을 할 때에는 자연시술각을 이용하며, 레이어커 컷과 같이 층이 많은 컷을 할 때는 두상의 곡면을 이용한 일반시술각을 사용한다.

❶ 원랭스(one length) : 자연시술각 0°

❷ 그래쥬에이션(graduation) : 자연시술각 1°~89°

- 로우 그래쥬에이션(low graduation) : 1°~30°
- 미디엄 그래쥬에이션(medium graduation) : 31°~60°
- 하이 그래쥬에이션(high graduation) : 61°~89°

❸ 레이어(layer) : 일반시술각 90° 이상

- 유니폼 레이어(uniform layer): 90°
- 인크리 스레이어(increase layer) : 90° 이상

형태		시술 각도의 종류	시술각도
원랭스		자연시술각	0°
그래쥬에이션	로우 그래쥬에이션		1°~30°
	미디엄 그래쥬에이션		31°~60°
	하이 그래쥬에이션		61°~89°
레이어	유니폼 레이어	일반시술각	90°
	인크리스 레이어		90° 이상

8) 베이스(Base)

베이스는 헤어 컷 시술 시 모발을 잡아 커트하는 접점이 위치하는 곳에 따라 온 베이스(on base), 프리 베이스(free base), 사이드 베이스(side base), 오프 베이스(off base), 트위스트 베이스(twist base), 기점별 베이스(starting point base)로 나눌 수 있으며 베이스의 종류에 따라 진행 방향으로 모발의 길이가 길어지기도 하고 짧아지기도 한다. 그러므로 디자인에 따라 베이스를 달리 사용해야 하며 디자인 구상 시 디자인의 특성에 맞는 베이스를 설계하여야 한다.

(1) 온 베이스(On Base)

커트 시 베이스 폭 중간에 접점이 오는 것으로 동일한 길이를 원할 때, 두상과 같은 라인을 표현할 때 사용한다.

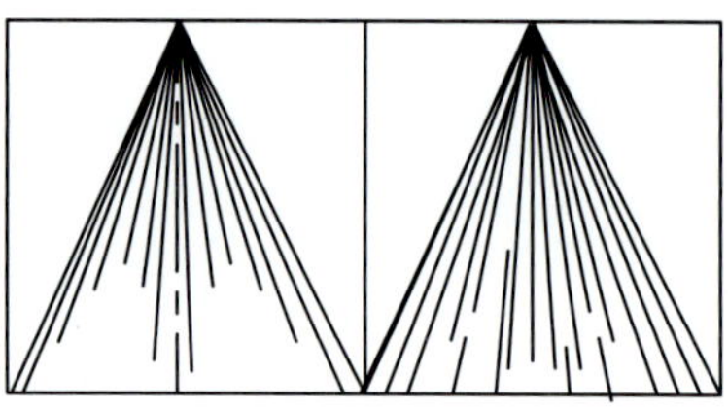

(2) 프리 베이스(Free Base)

커트 시 접점이 온 베이스(on base)와 사이드 베이스(side base) 사이에 위치하는 것으로 이동하는 방향으로 점점 길어진다. 길어지는 정도는 사이드 베이스(side base)보다 작다.

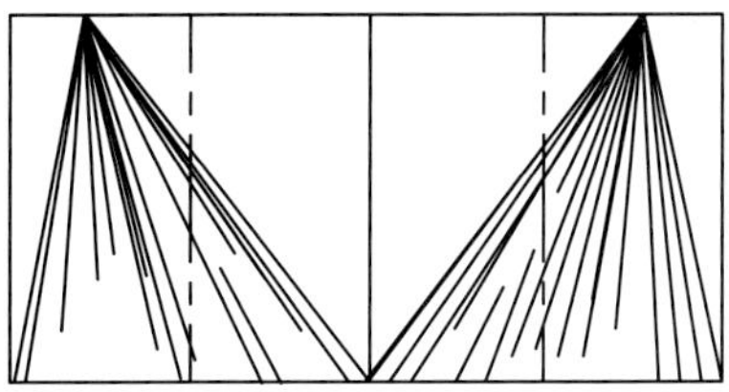

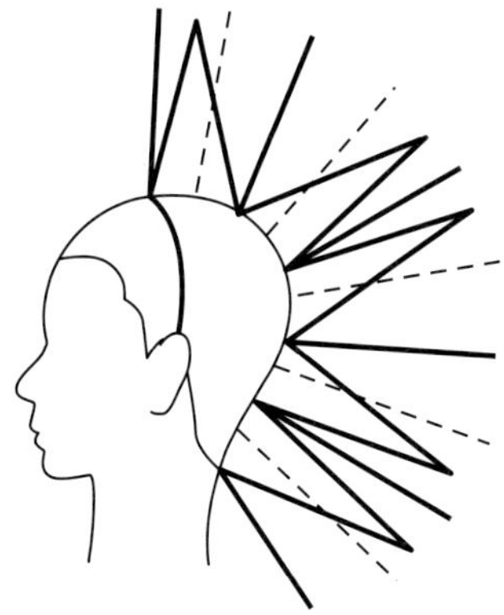

(3) 사이드 베이스(Side Base)

커트 시 접점이 베이스(base) 폭의 한 면에 위치하는 것으로 이동 방향으로 점점 더 길어지고 이동 방향의 반대편은 점점 짧아진다. 모발 길이의 차이가 많으므로 급격한 길이의 변화를 주는 컷에서 사용된다.

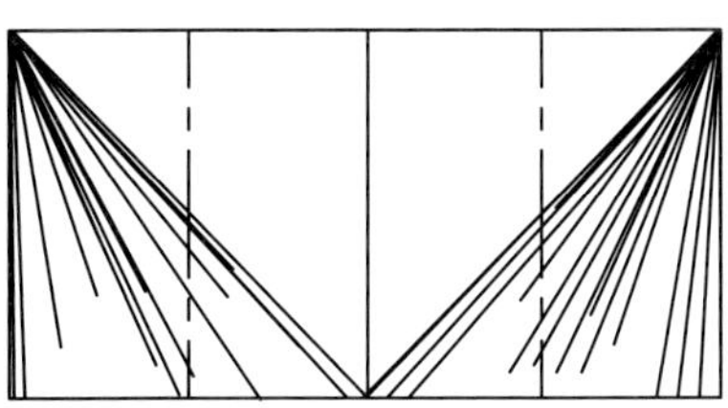

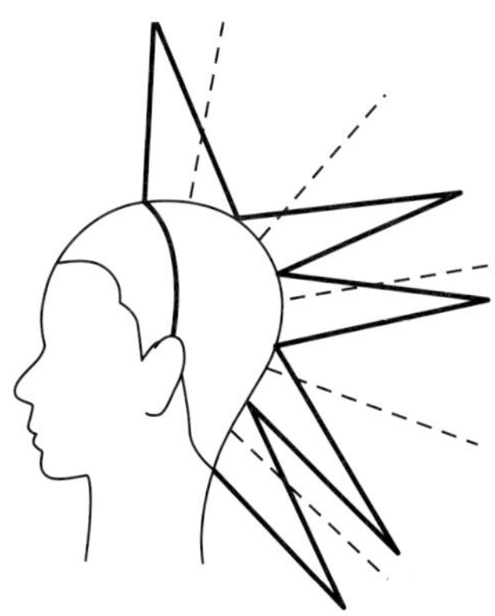

(4) 오프 베이스(Off Base)

커트 시 접점이 베이스 폭을 벗어난 부분에 위치하며 급격하게 길어지거나 짧아지는 것이 특징이다.

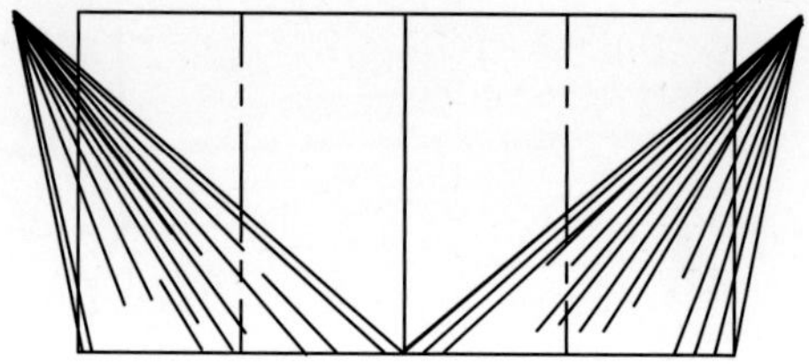

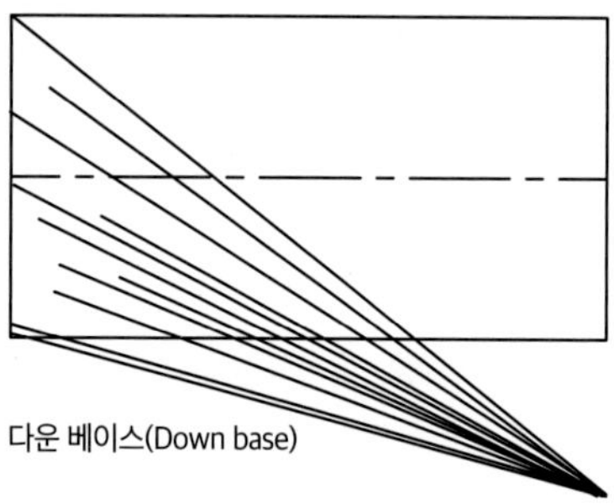

다운 베이스(Down base)

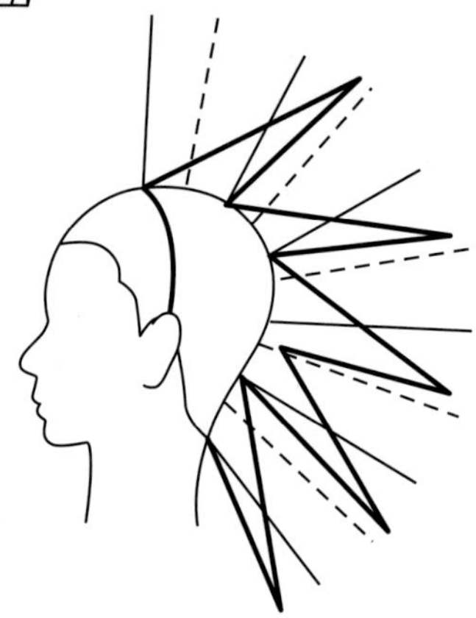

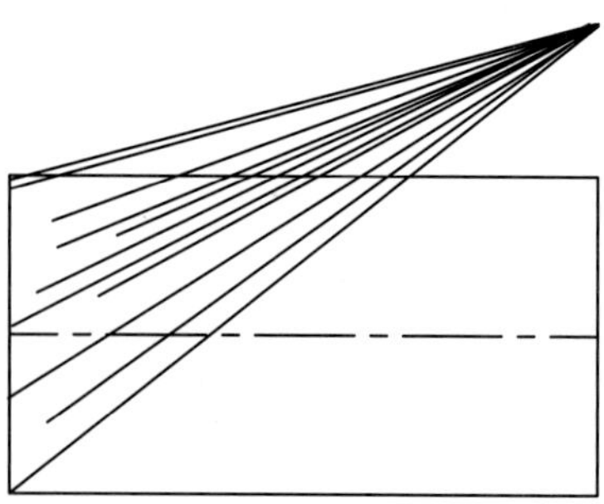

업 베이스(Up base)

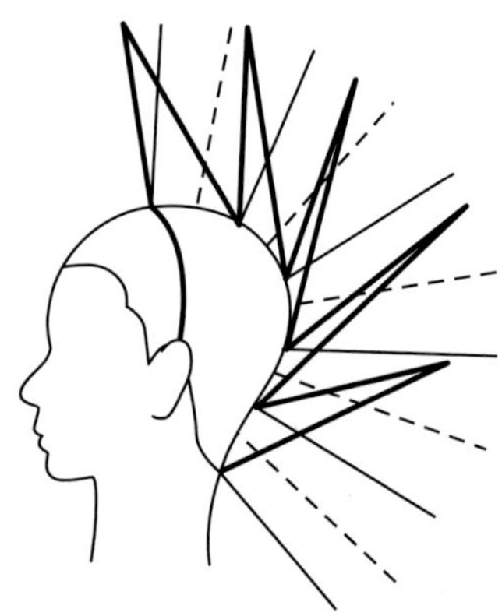

(5) 트위스트 베이스(Twist Base)

서로 다른 단차와 서로 다른 베이스를 연결시킬 때 사용하며 다른 베이스로 인해서 스트랜드를 잡은 손이 트위스트된다.

그림과 같이 위의 블록에서 온 베이스와 아래 블록의 오프 베이스를 연결할 때 중간 블록의 베이스는 프리 베이스에서 사이드 베이스, 오프 베이스까지 복합적인 베이스가 나타나 트위스트 베이스의 형태를 띤다.

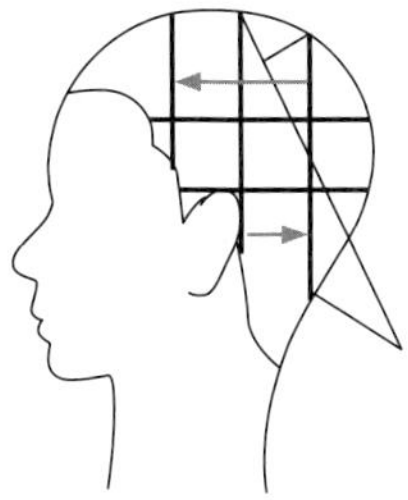

(6) 기점별 베이스(Starting Point Base)

한 기점을 중심으로 모든 모발을 끌어 당겨 컷하는 것으로 아주 급하게 길어지거나 짧아진다.

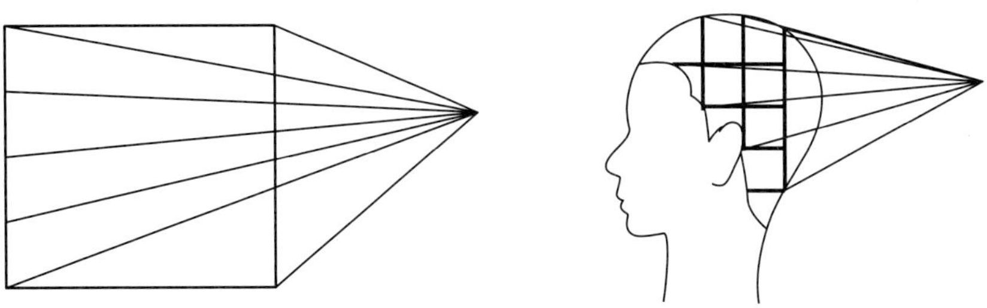

베이스의 종류

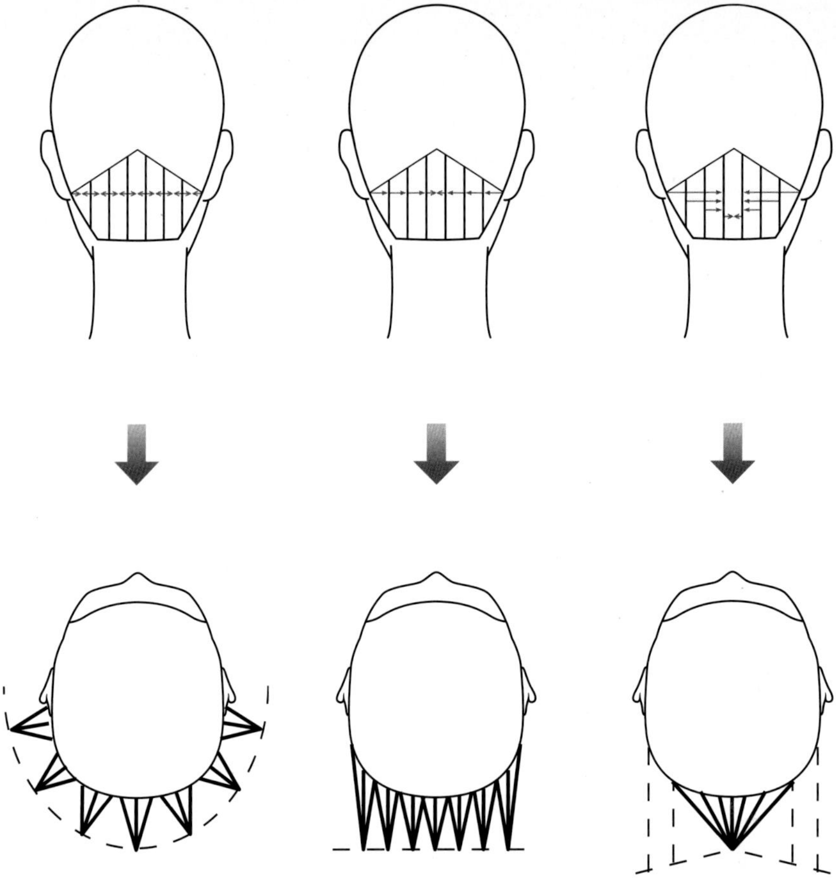

온 베이스　　사이드 베이스　　기점별 베이스

3. 헤어 컷 테크닉

1) 블런트 컷 (Blunt Cut)

블런트 컷은 커트된 모발의 끝이 무디게 직선으로 잘리는 테크닉이다. 모발 끝이 일률적으로 반듯하게 잘리며 모든 모발의 길이가 고르게 커트된다. 커트된 모발의 단면적이 작게 드러나 모발 손상이 적고 잘린 부분이 명확하며 모발에 힘이 있다. 일반적으로 가위를 사용하며 디자인된 의도에 따라 윤곽선의 표현을 자유롭게 나타낼 수 있다.

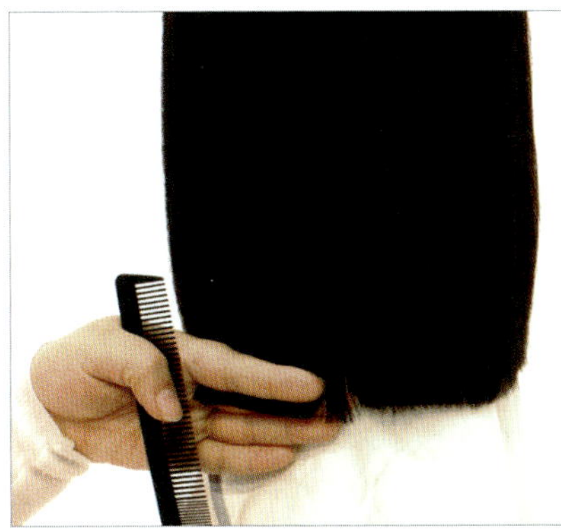

2) 테이퍼링 컷 (Tapering Cut)

테이퍼링 컷은 모발의 단면을 잘라 끝으로 갈수록 붓처럼 가늘어지게 만드는 컷이다. 끝을 향해 가늘게 숱을 제거하면서 동시에 길이를 자르는 효과를 낼 수 있다. 숱이 많은 모발에 시술했을 때 지나친 부피와 무게를 제거하고 길이를 줄임으로써 컬과 웨이브의 자연스러운 움직임을 연출할 수 있다. 주로 가위나 레저를 이용하며, 가위를 사용할 때에는 젖은 모발이나 마른 모발에 모두 시술이 가능하지만 레저를 사용할 경우에는 반드시 젖은 모발에 시술해야 시술이 용이하고 모발 손상을 줄일 수 있다.

테이퍼링 컷은 테이퍼링되는 위치에 따라 모발선을 부드럽게 하기 위해 모발 끝에서 1/3 이내만 테이퍼링하는 앤드 테이퍼링(end tapering)과 모발의 양을 적당히 제거하기 위해 스트랜드(strand)의 1/2 부분에서부터 시술하는 노말 테이퍼링(normal tapering), 스트랜드의 2/3에서부터 시술하여 많은 모량을 제거할 수 있는 딥 테이퍼링(deep tapering)으로 나눌 수 있다.

3) 스트록 컷 (Stroke Cut)

가위를 사용하여 모발 단면이 잘려 나가는 테이퍼링(tapering) 효과를 줄 수 있는 컷 테크닉이다. 스트랜드를 잡고 모발 끝에서 모근 쪽으로 커트하거나 왼쪽에서 오른쪽으로 커트하는 등 방향에 따라 다운 스트록(down stroke), 업 스트록(up stroke), 사이드 스트록(side stroke)이 있다. 가위를 개폐하면서 커트 해나가는데 모근으로부터 멀리 가위를 끌어당기면서 다시 여는 동작을 반복하여 커트한다. 스트록 컷을 하는 동안에는 가위를 조금씩 닫으면서 커트하며 너무 많이 닫으면 가위가 닫히는 양만큼 모발이 제거되므로 주의한다.

4) 슬라이드 컷 (Slide Cut)

가위의 날이 미끄러져 내려오면서 커트하는 기법으로 가위를 벌린 채 넣고 반드시 짧은 쪽에서 긴 쪽으로 C자 커브(curve)를 그리면서 커트한다. 자연스러운 모발의 이어짐을 만들 수 있고 블런트 컷(blunt cut)한 것보다 아웃라인(out line)이 가볍다. 마른 모발에도 시술이 가능하지만 젖은 모발에 시술하는 것이 모발의 손상을 줄일 수 있고 작업이 용이하다.

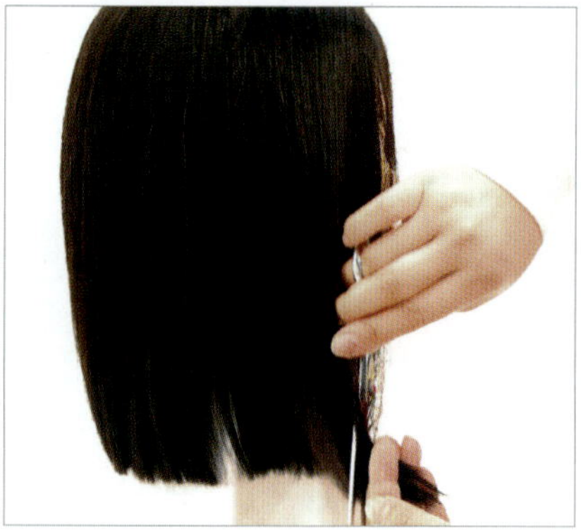

5) 포인팅 컷 (Pointing Cut)

(1) 포인팅 컷(Pointing Cut)

나칭 컷과 비슷한 기법으로 스트랜드를 잡은 손가락 쪽으로 가위를 비스듬히 세워서 모량과 길이를 제거하는 기법이다. 커트 후 아웃라인에 불규칙한 움직임과 모량이 제거되어 가벼움을 표현한다.

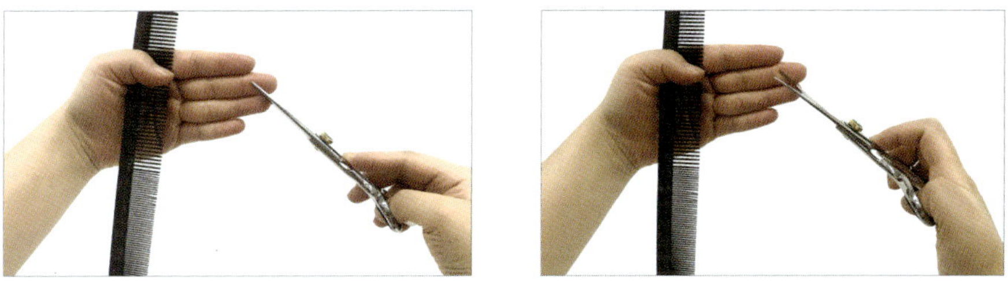

손바닥 안쪽 포인팅 방법

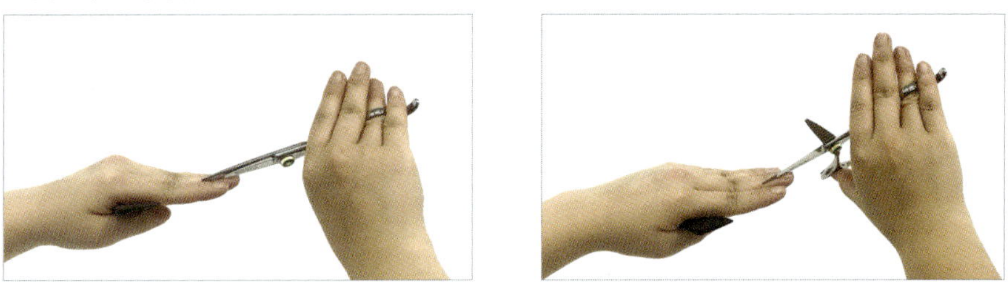

손바닥 바깥쪽 포인팅 방법

(2) 딥 포인팅 컷(Deep Pointing Cut)

아웃라인을 커트하는 포인팅 커트보다 가위를 모발 안쪽으로 깊게 넣어 모량을 제거하는 기법으로, 모발의 길이는 그대로 두고 모량을 제거하는 기법이다. 커트 후 마무리 기법으로 많이 쓰이며 가볍고 부드러운 느낌을 낼 수 있다.

(3) 나칭 컷(Notching Cut)

스트랜드(strand)를 잡은 후 가위의 각도를 45°가 되도록 비스듬히 넣어서 커트하는 방법으로 커트 후 아웃라인(out line)이 삼각형의 연속형인 톱니바퀴 모양이 된다. 커트 후 아웃라인이 딱딱하거나 뭉툭하지 않고 자연스러운 느낌을 낼 수 있다.

6) 채널링 컷 (Channeling Cut)

질감 표현의 한 방법으로 커트된 모발 속에 깊이 가위를 넣어 극단적인 모량 감소를 할 수 있다. 가위를 벌려 모발 속으로 가위를 닫으면서 아래로 내려온다.

7) 브릭 컷 (Brick Cut)

패널 위에 지그재그로 가위집을 내서 모량을 제거하는 기법으로 모량 제거를 길게나 짧게 또는 섞어서 자유롭게 길이 설정을 할 수 있는 테크닉이다. 브릭 컷을 할 때에는 한 패널 안에서 아래로 진행할 때 같은 모발을 계속해서 집어내면 한 곳에 모량이 집중적으로 제거되므로 주의한다.

8) 트위스트 컷 (Twist Cut)

모발 다발을 꼬아서 외곽만 커트하는 기법으로 모량이 뭉쳐있는 부분에 사용하고 브릭 컷과 같이 모량을 제거하고 싶은 곳에 모량이 제거되는 길이를 자유롭게 설정할 수 있다. 하지만 꼬인 모발의 커트하는 깊이에 따라 제거되는 모량이 달라지고 깊이 잘랐을 때 모발의 길이가 모두 잘려 나갈 수 있으므로 주의해야 한다.

9) 에칭 컷 (Etching Cut)

가위나 레이저를 사용하여 모발의 겉면에서 모량을 제거하는 기법으로 움직임이 가볍고 자연스러운 아웃라인을 만들 수 있다. 에칭 컷으로 질감 처리를 하는 경우 너무 많은 모량을 제거하면 바깥말음의 효과가 나타나 바깥으로 뒤집어질 수 있으므로 제거하는 모량을 파악하여 테크닉을 구사한다.

가위 에칭 컷

레이저 에칭 컷

10) 씨저 오버 콤 (Scissors Over Comb)

짧은 컷 디자인이나 남성 컷에 많이 쓰이는 기법으로 모발을 빗으로 들어 올려 빗 밖으로 튀어나오는 모발을 자르는 기법이다. 커트한 면을 다듬거나 짧은 그래쥬에이션 스타일의 층을 고르게 정리할 때 사용한다. 씨저 오버 콤을 할 때는 아래에서 위로 올라가면서 커트하고 가위의 개폐가 많은 동작인 만큼 가위의 개폐를 리듬에 맞게 조절한다. 가위는 빗의 방향과 일치하게 두고 잘린 면의 굴곡이 없게 커트한다.

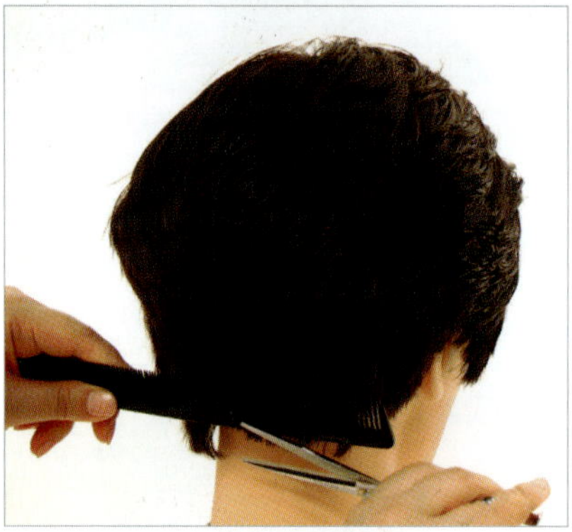

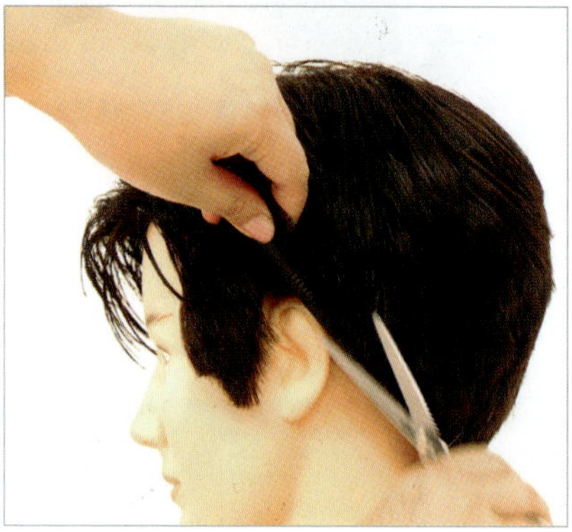

11) 백 커트 (Back Cut)

가위를 모발의 큐티클 반대 방향으로 움직이면서 커트하는 기법으로 빗으로 백코밍하는 포즈와 같이 가위를 움직인다. 백 커트를 하면 모발의 단면이 좁아지고 볼륨을 살릴 수 있어 두상이 들어간 부위나 크라운(crown), 톱(top) 부위에 사용하면 효과적이다.

Chapter 3

컷 도구와 가위의 조작

1. 컷 도구와 사용법
2. 헤어 컷의 기본 자세
3. 기본 가위 잡는 방법과 가위질
4. 변형 가위 잡는 방법과 가위질의 변형
5. 가위의 회전
6. 빗 회전

1. 컷 도구와 사용법

헤어 컷 디자인을 완성하기 위해서 디자인의 형태, 질감, 양감 등이 잘 표현되어야 한다. 이를 위해서 다양한 컷 도구들이 사용되는데 각각의 도구가 가지는 특징을 파악하여 사용하는 것이 중요하다.

1) 가위(Scissors)

두 개의 날이 하나의 가위를 이루고 있으며 움직이는 날을 동도(moving blade)라고 하고 움직이지 않는 날은 정도(stop blade)라고 한다.

가위의 길이는 4~7인치로 다양하며 형태는 직선형과 R형, 용도별로 블런트 컷용, 스트록 컷용, 틴닝용, 텍스 처용 등이 있다.

가위를 선택할 때에는 손바닥과 손가락의 길이를 고려해 선택하는 것이 좋은데 특히 중지의 길이보다 길지 않은 가위를 블런트 컷용으로 선택하는 것이 좋다.

가위의 각부 명칭

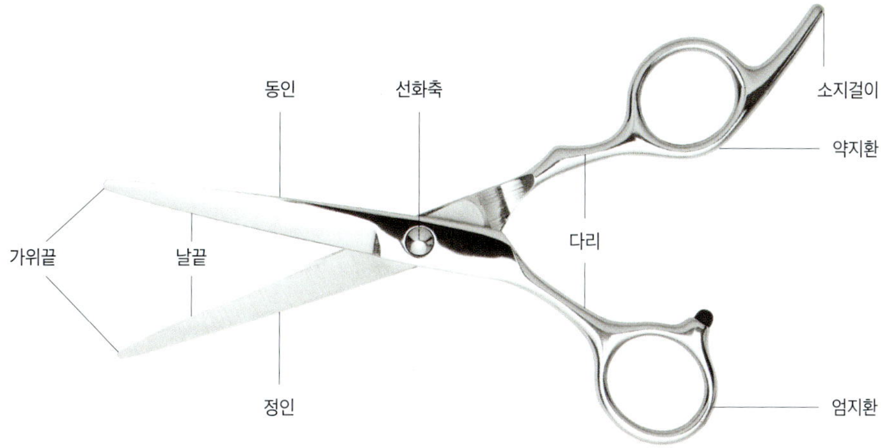

길이에 따른 가위의 종류

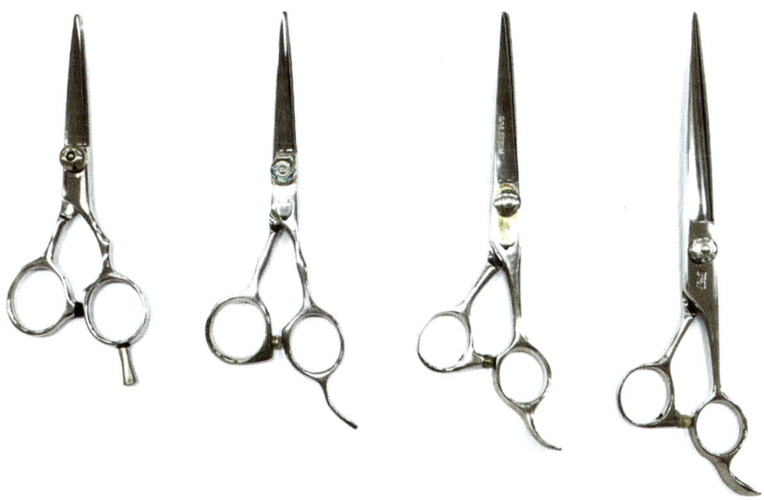

2) 틴닝가위 (Thinning Scissors)

틴닝가위는 모량을 조절할 때 쓰는 가위로 길이는 그대로 두고 숱을 쳐내는데 사용되며 톱날의 개수와 톱날이 위치한 면에 따라 나눌 수 있다. 톱날의 개수는 12개, 24개, 36개 등으로 모량에 따라 조절하여 사용하는데 톱날의 개수가 많아질수록 숱이 많이 쳐진다. 틴닝가위의 톱날은 한 면에만 위치한 것, 양쪽에 위치한 것이 있는데 한 면에만 톱날이 있는 것이 모량을 더 많이 감소시키므로 목적에 맞게 틴닝가위의 종류를 선택한다.

틴닝 가위의 구조

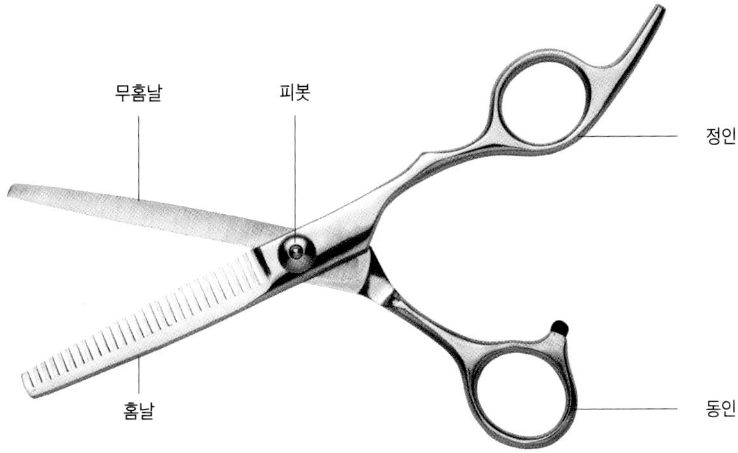

틴닝가위의 톱날에 따른 종류

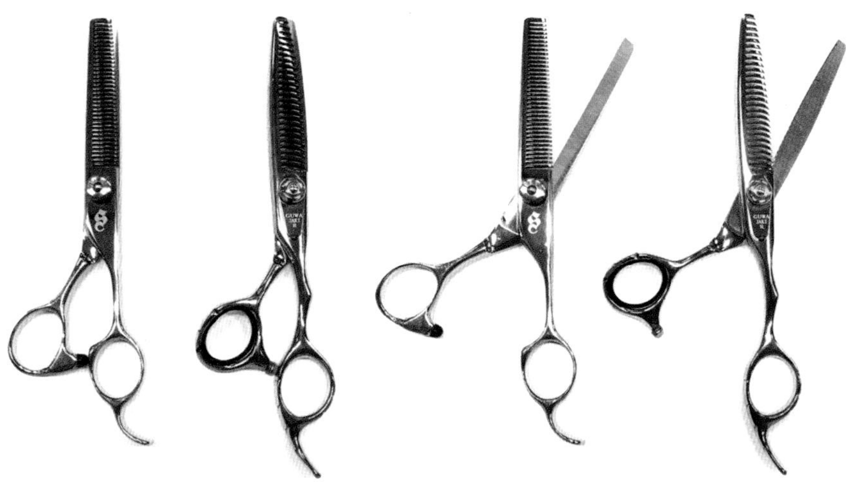

3) 클리퍼(Clipper)

클리퍼는 빗과 가위로 싱글링 컷(singling cut)하는 것과 같이 짧은 모발을 자르거나, 빠른 컷 작업, 고르게 층을 내기 위하여 사용하는 전동기기이다. 클리퍼 본체에서 일정 부분의 톱니 길이를 조절할 수 있는 것과 커버를 씌워 사용하는 것이 있고 길이를 자르는 것을 목적으로 하는 것과 아웃라인의 정리나 목덜미의 연모를 제거하는 목적으로 사용되는 작은 클리퍼 등이 있으므로 기기의 특성과 장단점을 파악하여 선택한다.

클리퍼의 종류

트리밍용 클리퍼

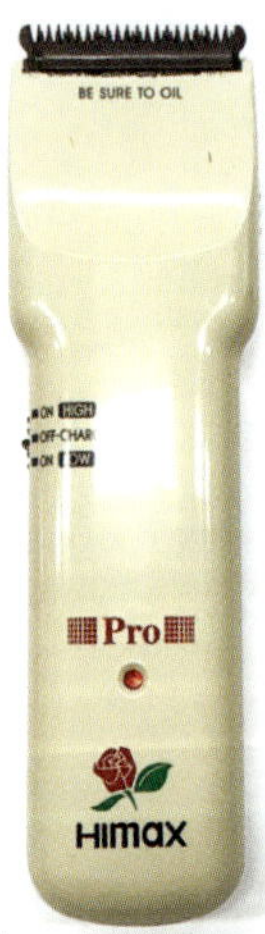

바버용 클리퍼

살롱용 클리퍼

4) 레이저(Razor)

레이저는 커트할 때 사용하는 테이퍼링 테크닉(tapering technic), 에칭(etching) 기법, 아칭(arching) 기법과 같이 모발 단면을 가늘게 만들어 부드러운 질감을 만드는데 효과적이다. 레이저로 커트할 때는 마른 모발에 텐션을 주는 것을 피하고 젖은 모발에 사용해야 모발의 손상을 줄일 수 있다. 마른 모발에 사용할 경우 모발이 당겨지거나 갈라질 수 있고 강한 텐션이 필요하므로 고객에게 통증을 유발하거나 모발 단면이 고르지 않게 될 수 있다.

레이저의 구조

5) 빗(Comb)

빗은 커트할 때 모발을 나누거나 판넬의 면을 가지런히 하기 위해서 사용된다. 빗은 재질에 따라 고무나 플라스틱으로 만든 것, 기능에 따라 정전기 방지용(antistatic) 등이 있으며 목적에 따라 컷용, 이발용, 클리퍼용 등 모양과 길이에 차이가 있다. 빗은 빗살이 고르고 직선이며 빗살 끝이 부드러워 두피를 보호할 수 있는 것을 선택한다.

빗의 각부 명칭

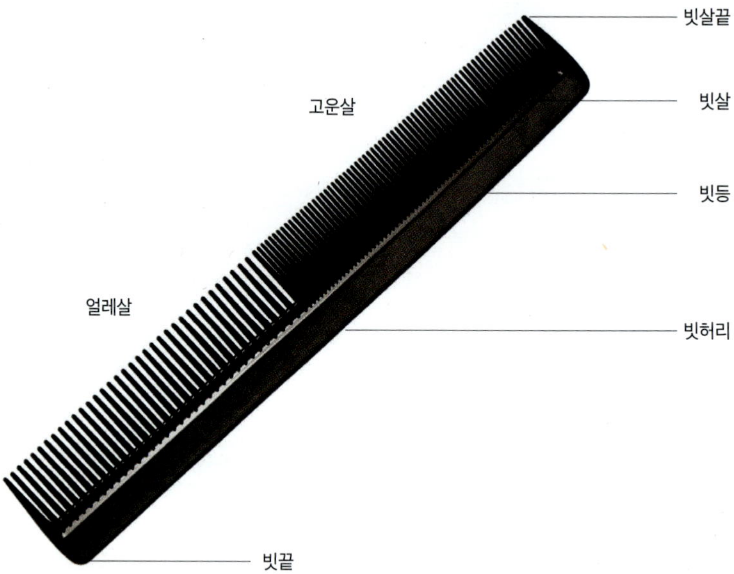

빗의 종류

(1) 빗살의 역할

❶ **얼레살** : 빗살의 간격이 성글어 블로킹(blocking), 섹션(section)을 탈 때와 같이 텐션이 많이 들어가지 않고 구획을 구획을 나누는데 사용하며, 많은 양의 모발을 빗는데 효과적이다.

❷ **고운살** : 고운살은 빗살의 간격이 조밀하여 모발을 빗을 때 텐션이 많이 작용하며, 커트 시 판넬(panel)의 면을 곱게 빗을 때 사용한다.

6) 기타도구

(1) 클립(Clip)

커트 시 모발을 구분하고 고정할 때 사용하며 재질에 따라 플라스틱, 알루미늄, 혼합형 등이 있다.

(2) 분무기(Spray)

모발에 수분을 가할 때 사용하는 도구로 분사구에서 물이 고르게 분사되고 물의 양이 조절되는 것으로 선택한다.

2. 헤어 컷의 기본 자세

컷을 의도대로 완성시키기 위해서는 몸의 위치, 다리와 팔의 위치, 머리와 시선 등의 위치가 맞아야 한다.

헤어 디자이너와 고객과의 거리는 팔을 뻗어 시술이 가능한 범위에서 설정하고 가위와 모발의 길이에 따라 조절한다. 다리는 어깨 폭 만큼 벌리고 있는 것이 기본자세이지만 고객에게 밀접히 작업해야 할 시에는 한쪽 다리를 앞으로 내딛고 다리를 굽혀 높낮이를 조절한다.

커트할 때에는 시술 부위에 디자이너의 시선과 눈높이를 맞추고 팔과 손은 자연스럽게 가슴선까지 올려 커트한다.

3. 기본 가위 잡는 방법과 가위질

❶ 가위를 자연스럽게 잡고 가위의 선회축이 자신을 바라보도록 잡고, 엄지환에 엄지를 넣고, 정인에 약지를 넣은 후 엄지를 움직여 가위를 개폐한다.

❷ 엄지만을 움직여 가위를 개폐하되 엄지를 안쪽으로 많이 넣지 않을수록 가위의 개폐가 넓게 되므로 엄지환 끝에 엄지를 살짝 걸치듯이 위치시킨다.

❸ 약지환에 약지를 넣고 소지걸이에 소지를 얹어 가위가 움직이지 않게 잡은 후 가위의 개폐 시 엄지를 제외한 네 개의 손가락을 가지런히 뻗어 가위가 흔들리지 않게 눌러준다.

❹ 엄지를 충분히 벌어지도록 개폐하고 가위를 벌린 상태에서의 정도는 평행이 되게 하며 동도는 90°이상이 되도록 반복 연습한다.

❺ 컷을 하지 않을 때는 가윗날을 닫고 엄지환에서 엄지를 뺀 후 가볍게 쥔다.

기본 가위 잡는 방법

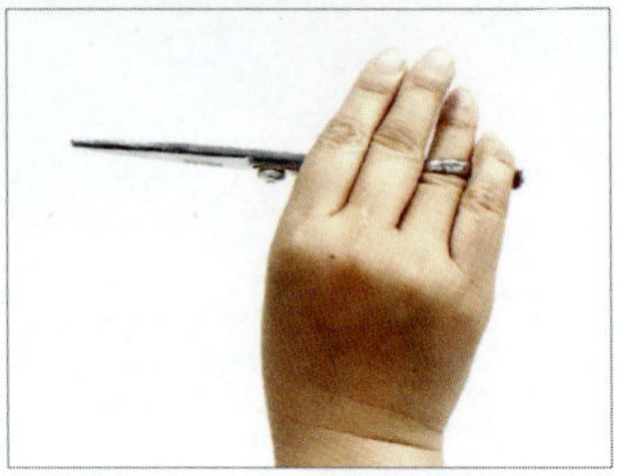

기본 가위질

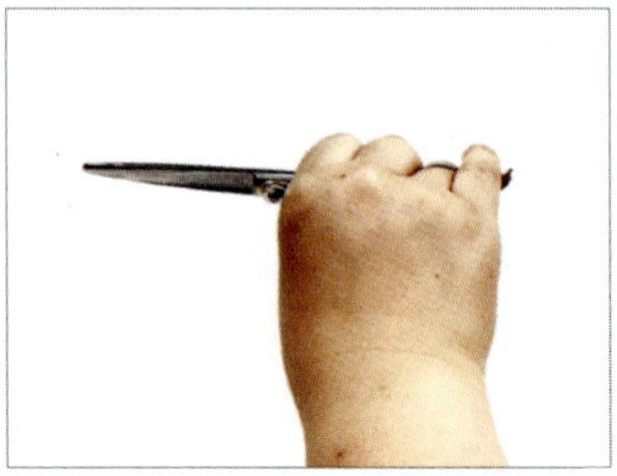

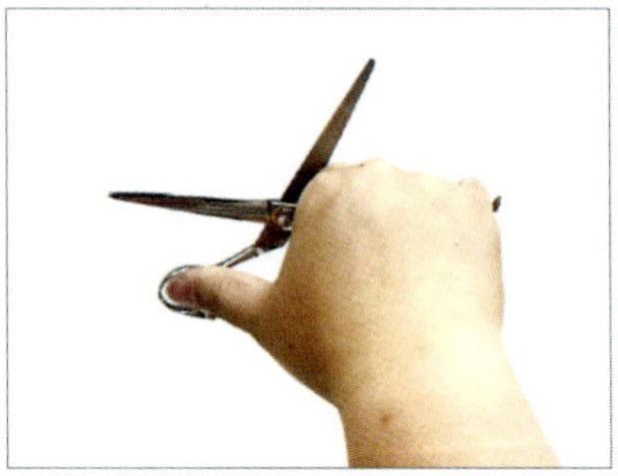

손 안쪽 가위질 방법

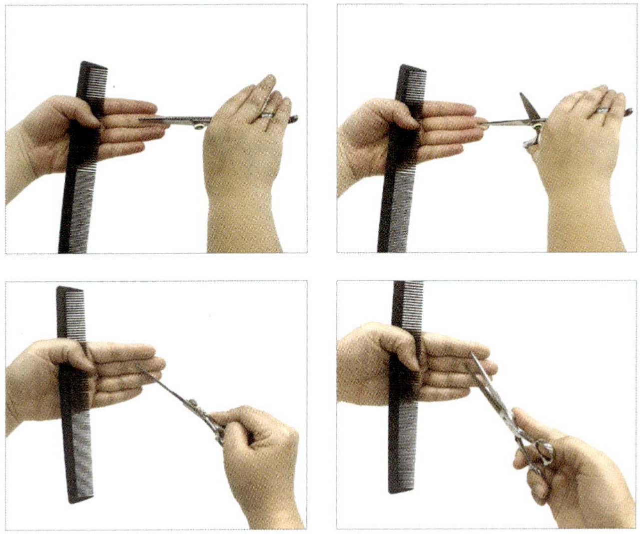

손 바깥쪽 가위질 방법

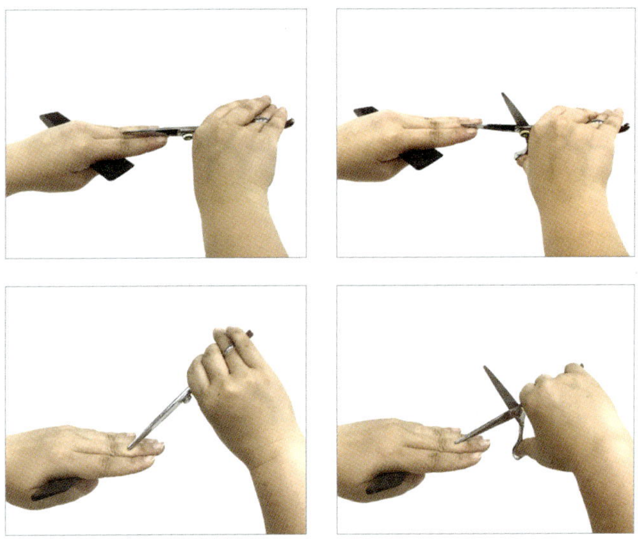

4. 변형 가위 잡는 방법과 가위질의 변형

가위질의 변형은 작업을 보다 용이하게 하기 위하여 가위의 위치와 사용방법을 달리하여 커트하는 것이다. 기본적인 가위 자세를 익힌 후 커트할 때 몸 전체를 이동하면서 커트하는 것이 아니라 가위 자세만 바꾸어 가로, 세로, 사선 등의 커트를 하게 되므로 작업 시간이 길어도 신체에 무리를 주지 않는 장점이 있다.

1) 각도 변환 가위질 (변형 1)

엄지환에 엄지를 걸치듯이 넣고 피봇 앞쪽으로 검지를 뻗어 가위를 잡는다. 이 방법은 커트할 때 가위의 각도를 쉽게 변형할 수 있고 팔꿈치의 움직임과 높이에 따라 다양한 각도로 응용될 수 있다. 주로 모델에게 커트할 위치가 디자이너의 눈높이보다 낮은 경우와 버티컬 섹션으로 그래쥬에이션 컷을 할 경우에 그래쥬이션 디자인의 각도에 따른 변환에 사용된다.

각도 변환 가위 잡는 방법

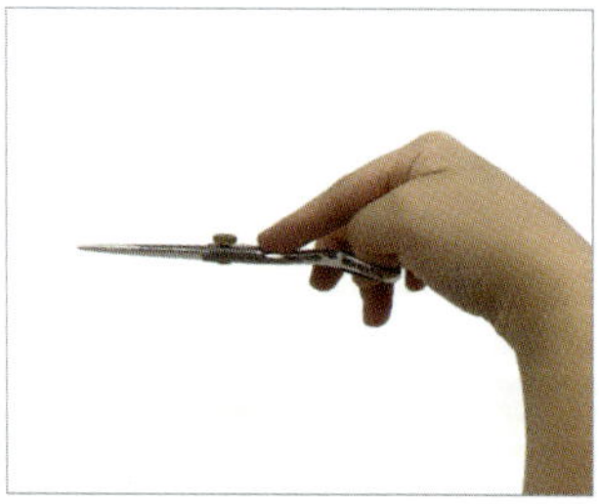

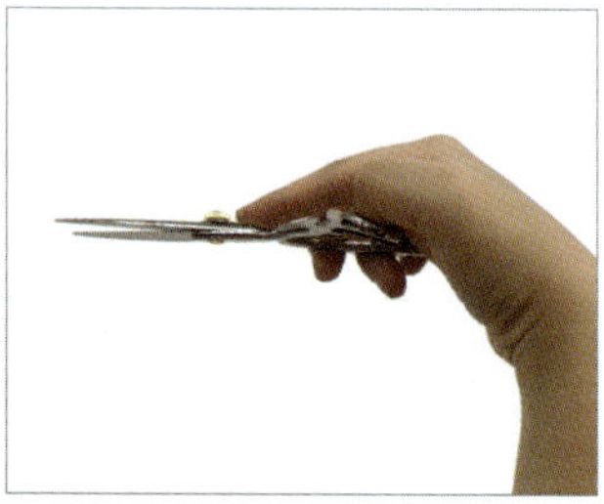

각도 변환 가위질

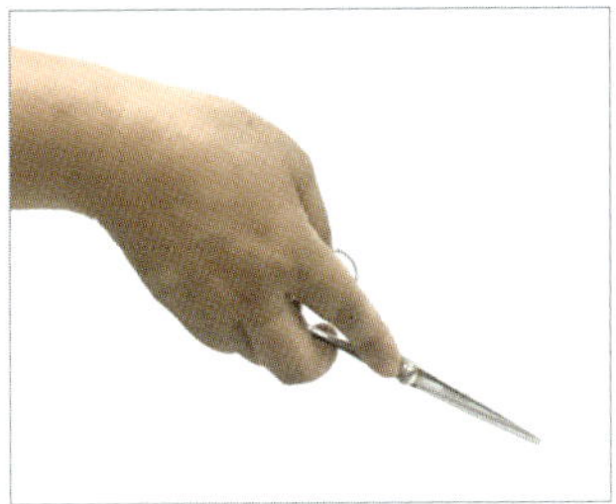

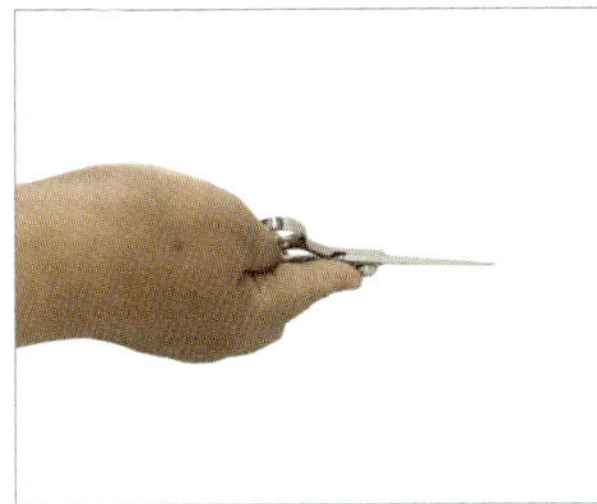

2) 수직 가위질 (변형 2)

수직으로 내려가는 스퀘어 컷을 자르기 쉬운 가위질 방법으로 가윗날의 각도가 90°로 떨어진다. 가위와 모발을 잡은 손가락의 각도가 모두 일직선으로 향하게 자세를 잡는다.

가윗날은 수직으로 아래쪽을 향하게 하고 엄지를 제외한 네 개의 손가락은 가위가 움직이지 않게 잡는다. 엄지를 엄지환 속으로 넣으면 가위가 조금밖에 벌어지지 않으므로 엄지환 속에 넣지 않고 엄지환 위에 굽혀 올려 놓고 좌우로 움직이며 가위를 개폐한다.

수직 가위 잡는 방법

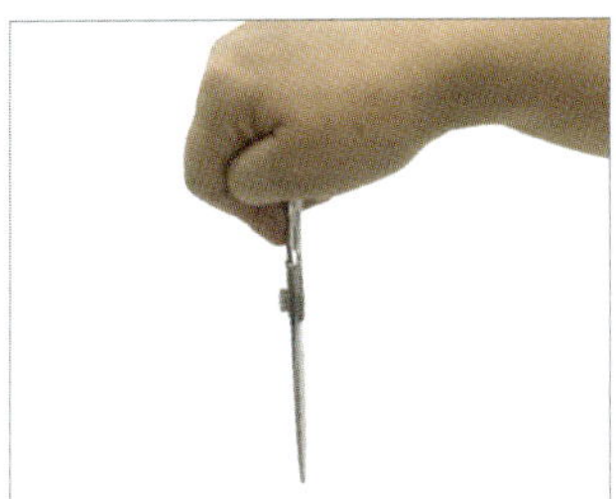

수직 가위질

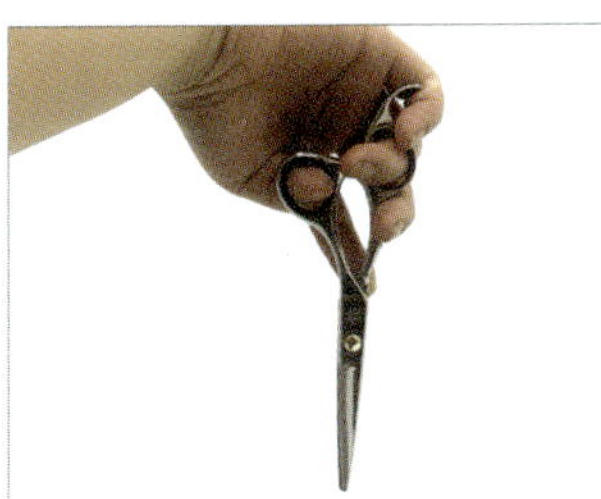

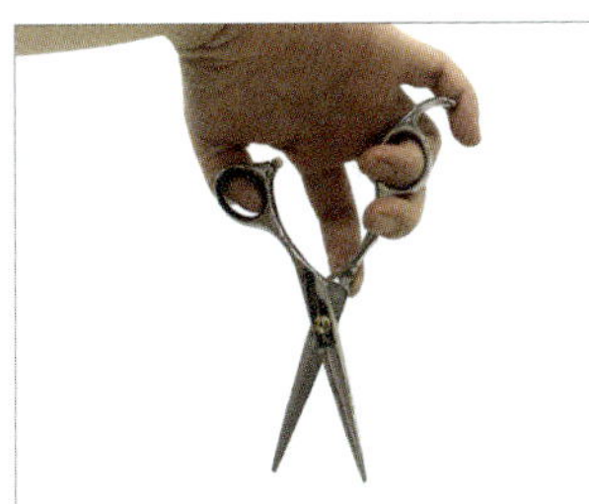

5. 가위의 회전

가위질을 하지 않을 때 가위를 잡고 있어야 하는 손가락과 손바닥에서 가위를 뒤쪽으로 회전 시킴으로써 핀을 집거나 스프레이 등이 편하게 하여 작업의 효율을 높일 수 있다.

❶ 약지환 위에 얻은 약지를 옆으로 뺀다.
❷ 가위를 튕겨 옆으로 나온 약지 위에 가위를 위치시킨다.
❸ 약지로 가위가 튕겨 나가지 않게 잡는다.
❹ 손바닥을 밑으로 위치시켜 안정된 자세를 만든다.

가위 회전 방법

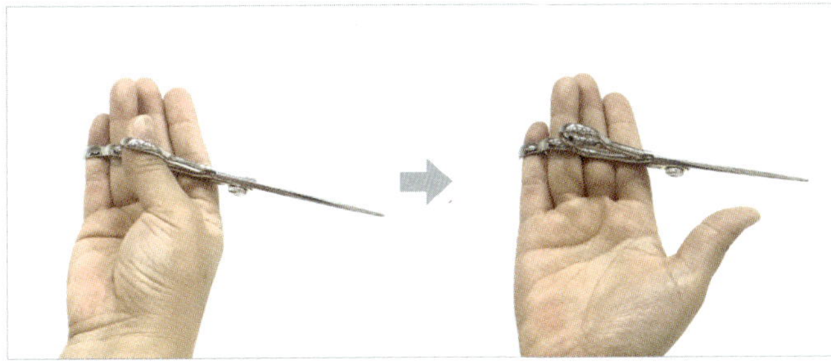

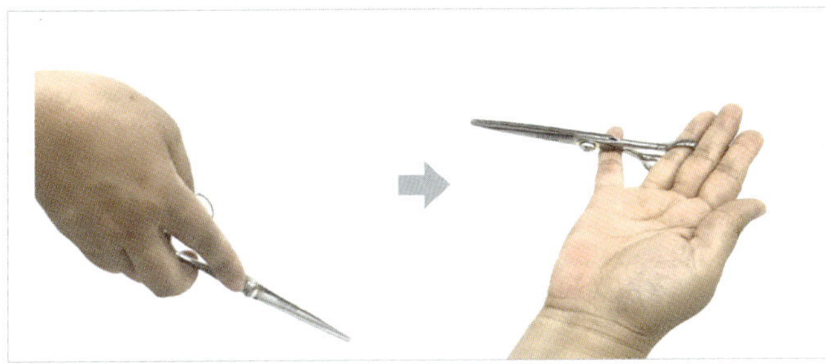

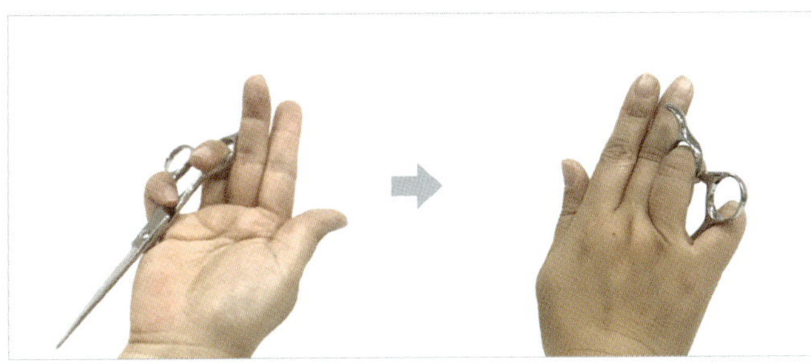

6. 빗회전

빗은 사용하는 용도에 따라 블러킹을 할 때와 섹션을 탈 때, 컷할 패널을 가지런히 빗을 때와 같이 다른 면의 빗을 사용하는데, 빗 사용의 편의성을 위하여 빗의 방향을 쉽게 바꿀 수 있도록 빗 회전을 한다.

❶ 사용할 면이 아래쪽으로 가도록 엄지는 빗의 앞면에 검지 외 4개의 손가락은 빗을 뒷면에 위치하도록 자연스럽게 빗을 잡는다.

❷ 빗 회전을 위하여 엄지와 검지로 빗을 잡고 중지를 빗의 앞면으로 이동시키면서 빗의 위·아래가 바뀌도록 빗을 회전한다.

❸ 빗의 면이 회전되어 검지와 중지 사이에 빗이 위치할 때 손가락을 굽혀 빗이 손바닥 안으로 들어오도록 빗을 잡아당겨 잡는다.

❹ 당겨진 빗을 엄지와 검지로 잡고 빗질을 한다.

빗 회전 방법

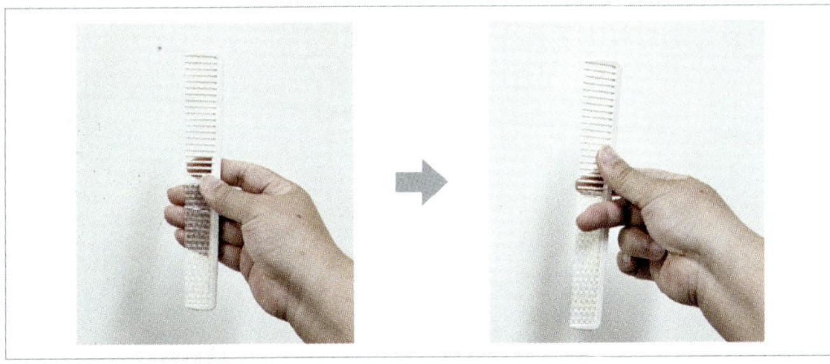

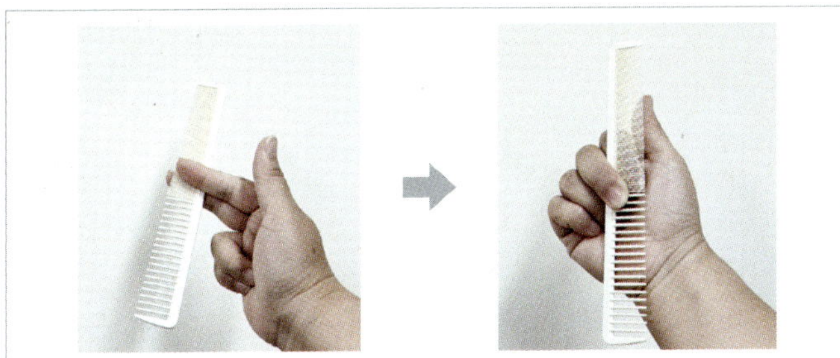

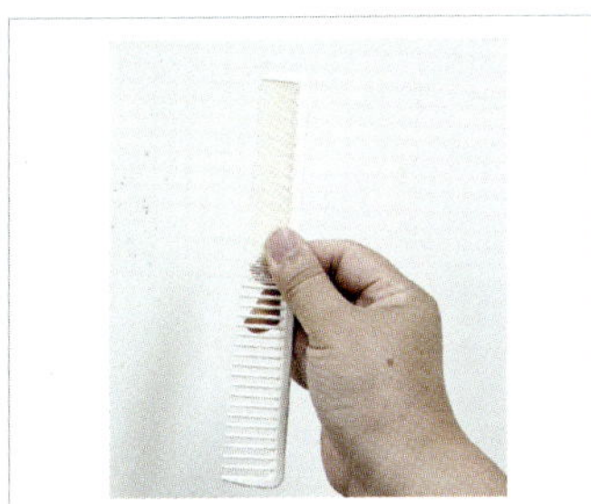

Chapter 4

원랭스
(One Length Form)

1. 원랭스(one length from)의 개괄

2. 수평 원랭스(horizontal one length) Ⅰ

3. 수평 원랭스(horizontal one length) Ⅱ

4. 전대각 원랭스(forward diagonal one length)

5. 후대각 원랭스(diagonal backward one length)

1. 원랭스(One Length From)의 개괄

원랭스 컷은 단차가 없는 하나의 고정된 라인에 모든 모발이 위치하는 컷 형태를 말한다. 원랭스 컷은 그래쥬에이션(graduation)이나 레이어(layer) 컷과 달리 층의 단차가 없기 때문에 단정한 느낌을 주며 세련된 이미지를 형성한다.

원랭스 컷에서는 손가락과 섹션이 가위와 평행을 이루어 커트하는 것을 기본으로 하며, 섹션의 모양에 따라 컷이 완성된 후 아웃라인(out line)의 모양이 변한다.

형태는 구조적으로 톱(top)의 모발이 네이프(nape)의 모발보다 길어 두상의 윗부분의 모발이 아랫부분의 모발을 덮기 때문에 표면의 질감이 매끄러워 보이며 아웃라인이 무거운 느낌을 가지므로 솔리드(solid)라고 부르기도 한다.

원랭스에서 많이 사용되는 디자인 라인은 수평(horizontal)과 사선(diagonal), 직선(straight)과 곡선(curve)의 혼합형 등 다양한 라인과 길이로 커트할 수 있고, 선의 방향에 따라 다이애거널 포워드(diagonal forward) 형태의 전대각 또는 다이애거널 백워드(diagonal backward) 형태의 후대각을 사용하여 디자인한다.

1) 구조

원랭스 컷은 하나의 기준선인 아웃라인(out line)에 모든 모발이 위치해야 하므로 톱(top)의 모발이 길고 네이프(nape)의 모발이 짧아지는 특징이 있다. 전개도상에서 종 모양의 구조그래픽(structure graphic)을 가지며 네이프의 모발 길이에 닿을 만큼 톱의 모발이 긴 형태를 나타낸다.

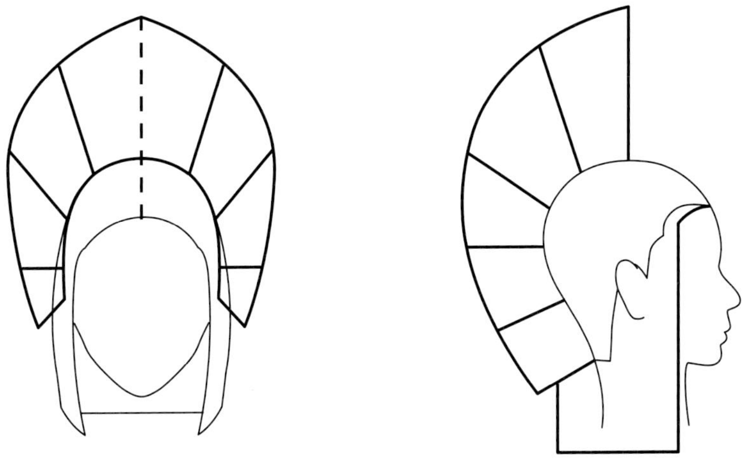

2) 섹션(Section)

원랭스 컷에서 가장 많이 사용되는 섹션은 수평인 호리존탈 섹션(horizontal section)이며 컷 라인에 따라 사선인 전대각의 다이애거널 포워드 섹션(diagonal forward section)과 후대각인 다이애거널 백워드 섹션(diagonal backward section)이 사용된다.
사용되는 섹션의 모양에 따라 아웃라인(out line)이 결정되며, 컷에서 느껴지는 이미지가 달라지는데 섹션을 뜨는 방법이 정확하지 않으면 판넬(panel)의 판별이 어려우므로 섹션의 방향과 컷(cut) 라인은 동일하게 시술하는 것이 좋다.
보통 얼굴이 둥글고 살이 많은 형태에서는 전대각으로 떨어지는 라인이 얼굴형을 보완하여 갸름한 이미지를 연출할 수 있고, 길고 살이 없는 얼굴에서는 후대각을 이용한 라인이 부드러운 이미지를 만들 수 있다.

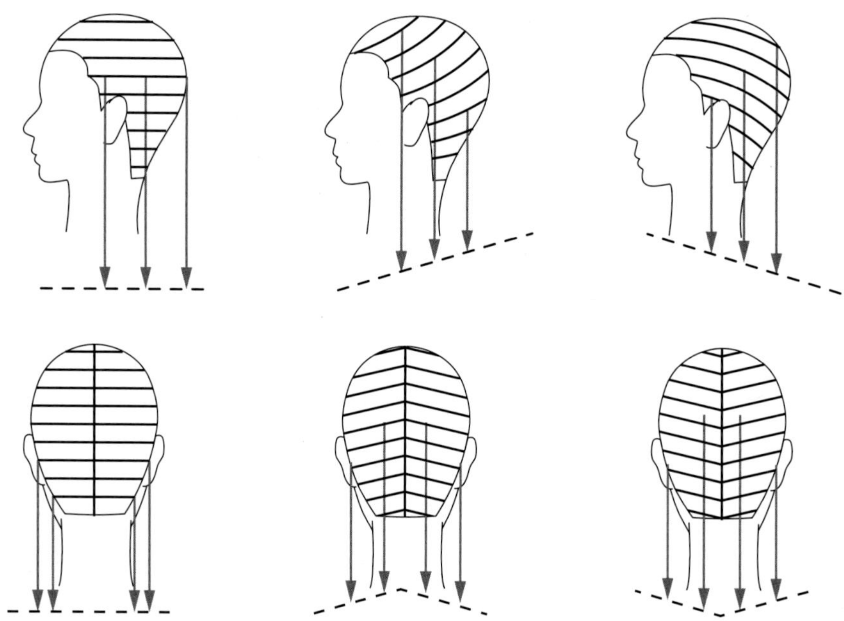

호리존탈 섹션 다이애거널 포워드 섹션 다이애거널 백워드 섹션

3) 각도(Angle)

시술각은 커트 시 머리가 두상의 곡면을 따라 들려지는 위치를 말한다. 원랭스 컷을 시술하기 위해서는 자연시술각 0°를 유지하여 층이 생기지 않게 한다. 모발을 자연스럽게 내린 각도가 0°가 되기 위해서는 중력에 의해 떨어지는 모발이 두피에서 수직으로 떨어지는 상태가 되어야 한다.

원랭스 컷에서 각도와 함께 고려되어야 할 사항이 머리 위치(head position)로 앞으로 숙이거나 뒤로 젖힐 경우 모발의 길이가 달라지므로 머리를 똑바로(straight up) 한 자세에서 커트 라인과 시술자의 눈의 위치가 수평이 된 상태에서 커트하는 것이 중요하다.

특히 앞으로 머리 위치를 숙이면 네이프에 있는 모발이 짧아지고 톱(top)의 모발이 길어지는 현상이 나타나고 고개를 뒤로 젖히면 상대적으로 톱의 모발이 길어지는 정도가 작아져 층이 생기게 된다.

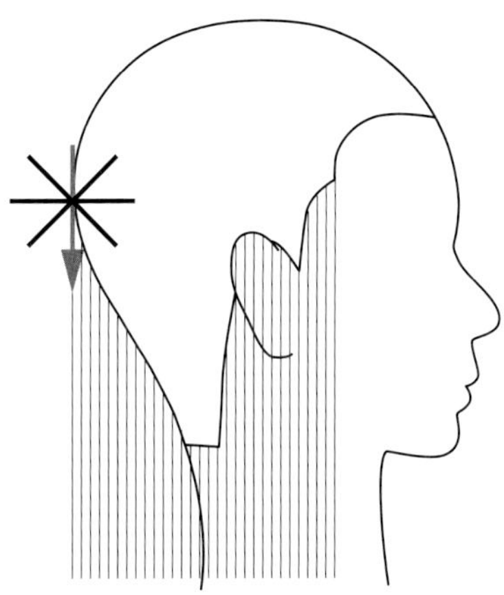

4) 텐션(Tension)과 빗질(Combing)

원랭스 컷에서 층이 생기지 않게 커트하기 위해서는 텐션과 빗질을 적절히 조절하여야 한다. 모발은 습도에 따라 장력이 달라지므로 커트할 경우 모발에 수분을 골고루 분무하여 고른 텐션으로 커트를 해야 하고 이어 포인트(ear point)가 있는 사이드를 커트할 때는 텐션을 가하지 않고 귀 윗부분을 살짝 눌러주어 아웃라인을 확인 후 커트한다.

원랭스 컷에서는 고운살과 성근살의 빗을 두상의 부위에 따라 다르게 사용하는 것이 텐션을 조절하는데 효과적이다. 백포인트(back point) 아래는 고운살을 사용하고 백포인트 위는 성근살을 사용하여 느슨하게 빗는다.

두상의 부위별 빗의 사용

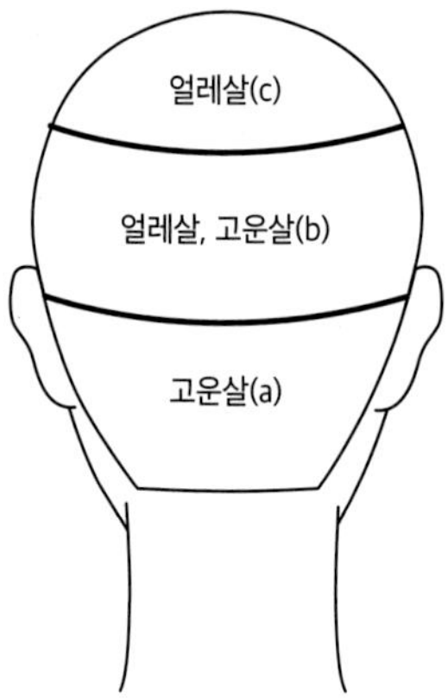

빗질하는 방법에 따라 커트하고 난 후 모발의 방향을 조절할 수 있는데 두상의 곡면의 볼륨으로 인하여 네이프(nape)의 모발 길이보다 탑(top)의 모발이 길어져 전체적인 모발의 방향이 안쪽으로 말리는 안마름의 효과를 기대할 수 있다. 모발을 두상의 곡면을 따라 빗질할 경우, 두상의 곡면으로 인하여 네이프(nape)의 모발 길이보다 백 포인트(back point)의 모발이 길어져 전체적인 형태가 안으로 말리는 안마름의 효과를 기대할 수 있다. 반대로 두상의 위치를 똑바로 하고 모발에 수분을 가한 상태에서 수직으로 빗질하여 정확히 같은 라인에서 컷한 경우, 모발을 건조시키면 모발의 뿌리가 가지는 점핑(jumping)력으로 인하여 바깥으로 뻗치는 경우를 볼 수 있다.

5) 원랭스 컷의 형태

원랭스 컷의 형태는 어떤 섹션을 사용하느냐에 따라 아웃라인이 달라지며 수평, 전대각, 후대각의 백과 사이드 라인에 따라 형태가 결정된다.

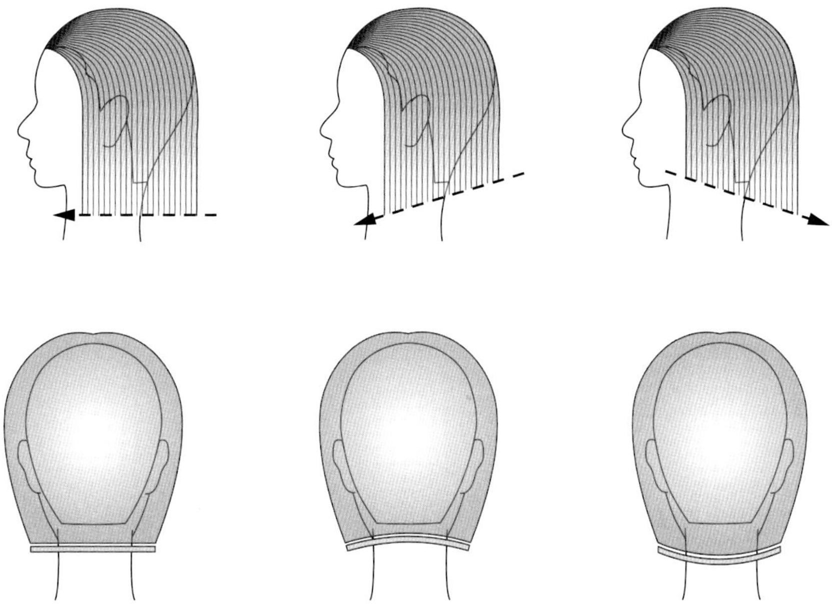

수평 square line　　전대각 concave line　　후대각 convex line

6) 체크 포인트 (Check Point)

❶ 모발을 전체적으로 가지런히 빗은 후 디자인 라인에 층이 없는지 체크한다.

❷ 의도한 디자인 라인과 컷 라인이 굴곡 없이 일치하는지 체크한다.

❸ 센터 파트(center part)의 경우 프론트(front)의 헤어를 삼각형으로 나누어 앞으로 내린 후 뾰족한 코너를 정리한다.

❹ 사이드의 모발은 얼굴로 쏠리지 않도록 자연스럽게 옆으로 빗어 정리한다.

❺ 전체 모발을 뒤로 빗질하여 정리한다.

❻ 디자인에 따라 양쪽의 이어 포인트(ear point), 네이프 사이드 포인트(nape side point)의 밸런스를 맞춘다.

❼ 모발이 마른 후 다시 체크하여 점프된 모발에서 층이 생겼을 경우 정리한다.

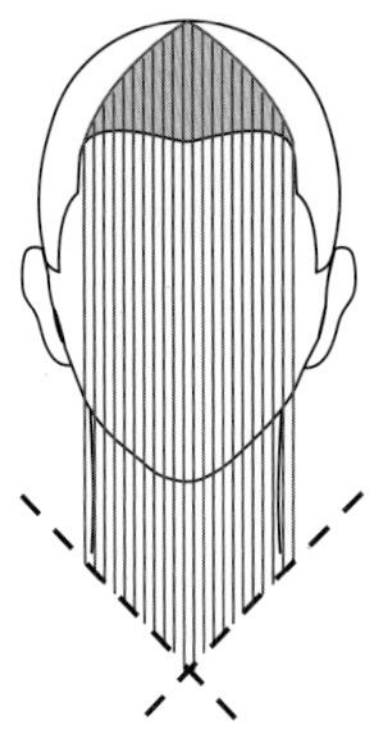

프론트

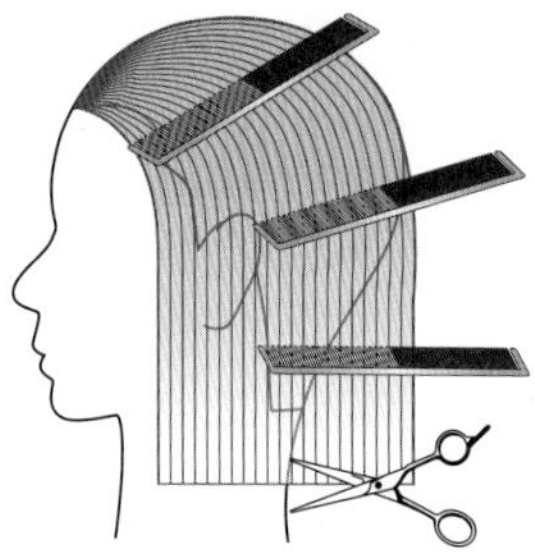

사이드

7) 원랭스 컷 시술 시 밸런스 체크 부위

❶ 양쪽 네이프 사이드 포인트(N.S.P)
❷ 양쪽 이어 백 포인트(E.B.P)
❸ 양쪽 사이드 코너 포인트(S.C.P)
❹ 센터 포인트(C.P)
❺ 센터에서 톱까지 위로 들어서 체크

8) 원랭스 컷 시술 시 주의사항

❶ 원랭스 형태를 완성하기 위해서는 두피에서 0°가 되는 각도로 커트하고 바깥으로 뻗치는 것을 방지하려면 머리의 위치를 앞으로 숙여 속마름 효과를 낸다. 자연시술각 0°에서 머리를 들어 올리게 되거나 강한 텐션(tension)을 주어 모발을 잡아 당겨 커트하면 층이 생겨 그래쥬에이션 형태(graduation form)가 되므로 주의하고 손가락을 이용하여 모발을 잡게 되면 손가락의 부피만큼 각도가 생겨 층이 생기게 된다는 것을 기억한다.

❷ 모발은 긴 쪽에서 짧은 쪽으로 가려는 성질을 가지고 있다. 그래서 원랭스 컷의 경우 네이프(nape)의 모발이 짧고 톱으로 갈수록 모발이 길어지기 때문에 안쪽으로 말리는 효과를 볼 수 있고 레이어 컷(layer cut)의 경우 네이프(nape)의 모발이 길고 톱의 모발이 짧기 때문에 바깥으로 뻗치는 현상을 흔히 볼 수 있다. 이 성질을 잘 이용하면 원랭스에서 층이 생겨 보이는 것을 방지할 수 있다.

2. 수평 원랭스(Horizontal One Length) I

수평 원랭스는 스퀘어 원랭스(square one length), 클래식 원랭스(classic one length)라고도 부르며 섹션의 모양이 수평으로 뻗는 호리존탈 섹션을 이용하여 두상의 내측과 외측의 모발이 하나의 라인에서 만나게 커트한다.

수평 원랭스 컷은 단정하며 지적인 이미지를 나타낼 수 있어 커리어우먼이나 학생들에게 어울린다. 또한 머리 손질과 관리가 용이하여 머리 길이와 섹션의 모양에 따라 다양한 느낌을 줄 수 있고 체형이나 얼굴 모양에 맞게 디자인할 수 있다.

1) 구조

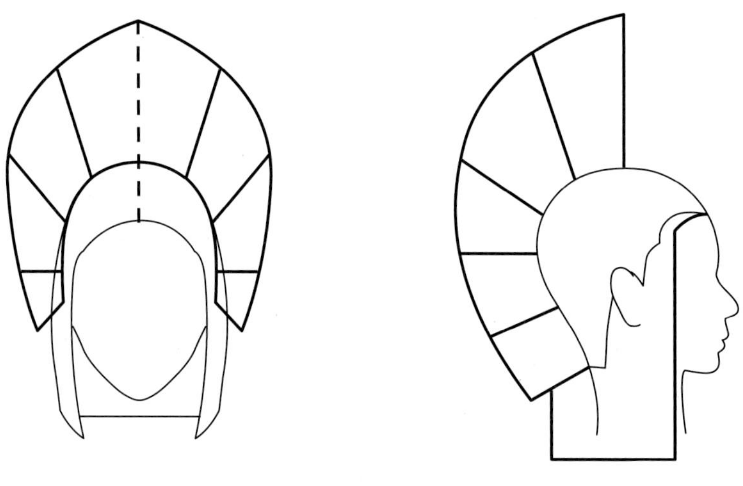

2) 섹션

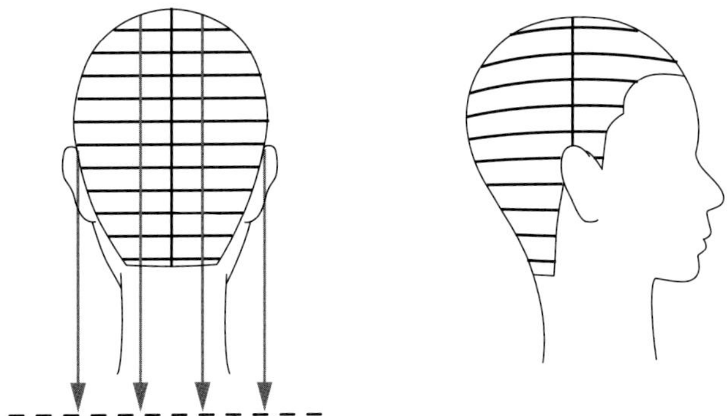

3) 테크닉

❶ 섹션 : 호리존탈 섹션(horizontal section)

❷ 빗질 : 자연스럽게 아래로 빗질

❸ 각도 : 0°(0° in the comb)

❹ 컷 : 블런트 컷(blunt cut)

시술 과정(processing)

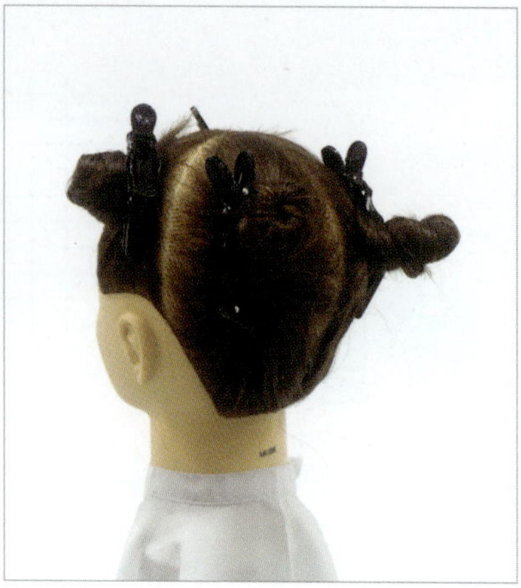

1. 물 스프레이로 모발을 적신 후 센터(center)에서 네이프(nape)까지 중 백 센터를 탄다. 톱(top)에서 이어 포인트(ear point)까지를 연결하여 4등분 블로킹을 탄다.

2. 호리존탈 섹션(horizontal section)을 이용하여 수평으로 섹션(section)을 탄다.

3. 양쪽 섹션을 나눈 후 중력이 작용하는 방향(natural falling, 내추럴 폴링)으로 모발을 빗어 내린다.

4. 손으로 모발 판넬을 잡으면 손가락 하나가 들어가는 각도인 15° 만큼의 각도가 생기게 되고, 텐션(t이 가해져 층이 생기게 되므로 고개를 살짝 숙여 커트하여 층이 생기는 것을 방지해준다.

5. 빗어 내린 판넬의 중앙에서부터 텐션이 들어가지 않도록 빗질하고, 빗 모양이 수평이 되게 한 후 손으로 가볍게 잡아 커트한다. 이때 중앙에서 가이드 라인이 되는 길이를 설정한 후 양옆으로 이동하면서 커트를 진행하며 섹션과 빗, 손가락, 가위를 모두 평행하게 하여 정확한 수평 라인이 만들어질 수 있도록 한다.

6. 자연시술각도 0°로 좌우를 평행으로 커트한 후 밸런스를 체크한다.

7. 계속해서 위쪽으로 올라가면서 수평으로 커트를 진행하며 백 포인트 위를 두상의 곡면을 따라 빗질한다. 백 포인트 위의 모발을 빗을 때는 두상의 곡면을 따라 빗겨질 수 있도록 모발을 두피에 붙여 빗어준다. 이는 결과적으로 두상의 곡면을 따라 빗겨진 모발이 수직으로 빗었을 때보다 1~2mm 길게 되어 마르고 난 후 점핑하여 층이 생기는 것을 방지해준다.

8. 백과 연결해서 사이드를 호리존탈 섹션을 탄다.

9. 백에서와 마찬가지로 호리존탈 섹션을 이용하여 사이드 길이를 연장하여 수평으로 커트하는데 귀 위를 커트할 때는 이어 포인트(E.P) 위를 한 번 눌러주어 귓바퀴의 부피만큼 점핑되지 않도록 주의하면서 위쪽으로 진행한다.

10. 반대편 사이드도 호리존탈 섹션을 이용하여 수평으로 섹션을 탄 후 이어 포인트(ear point)의 모발 길이를 가이드로 하여 수평 커트한다.

11. 양쪽 사이드를 자르고 나면 이어 포인트(E.P)에서 밸런스 체크를 하여 앞쪽의 길이가 같은지 체크한다.

12. 골든 포인트(G.P)에서는 모발의 방향이 사이드와 백으로 자연스럽게 이어질 수 있도록 빗을 세워 모발이 난 자연 방향으로 모발을 빗어 자리를 잡아주고, 골든 백 미디움 포인트(G.B.M.P) 밑으로는 성근살을 이용하여 수평으로 빗어 커트한다.

13. 앞쪽 머리는 원랭스 컷에서 빗는 방향에 따라 길이의 차이가 가장 많이 나는 부위이므로 앞쪽이나 뒤쪽으로 오버 디렉션(over direction) 되지 않도록 페이스 라인을 따라 자연스럽게 옆으로 빗어 가이드 라인에 맞추어 커트한다.

14. 컷을 완성하고 프론트(front)에서 삼각형 섹션을 만들어 앞쪽 머리의 길이를 체크하고 마무리한다.

완성

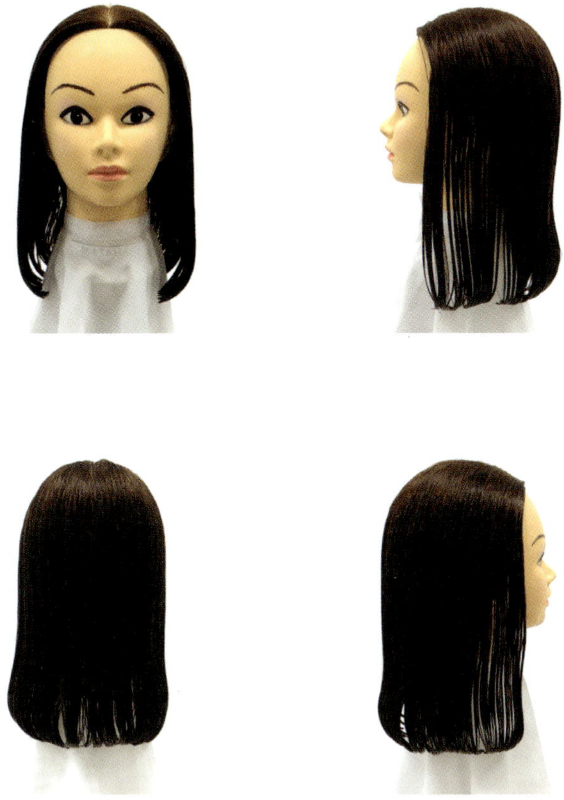

스타일링 1

스타일링 2

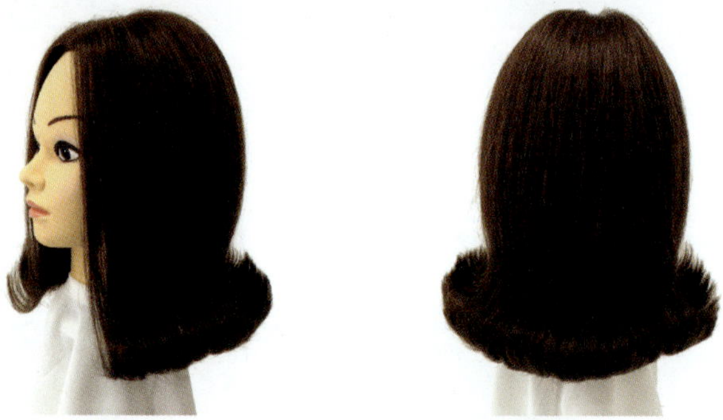

스타일링 3

Key point

1. 원랭스 컷(one length cut)을 할 때 두피에 대한 헤어의 각도는 0° 이며 지표에 대한 컷 선의 각도 또한 0°이다. 손으로 모발을 잡을 시 판넬을 잡으면 손가락 하나가 들어가는 각도인 15° 만큼의 각도가 생기게 되고 텐션이 가해져 층이 생기게 되므로 고개를 살짝 숙여 그 층이 생기는 것을 방지해준다.

2. 빗질을 할 때 백 포인트(B.P) 밑은 고운 빗살로, 백 포인트(B.P) 위는 성근 빗살로 빗질한다. 이는 빗살의 간격에 따라 텐션의 정도가 달라지기 때문이다. 모발의 양이 적은 백 포인트 밑은 고운살로 빗어 가이드 라인을 정확히 만들고 모발의 양이 많아지는 백 포인트 위는 성근살로 빗어 커트하게 되면 모발이 당겨져 시술 후 층이 생기는 것을 방지할 수 있다.

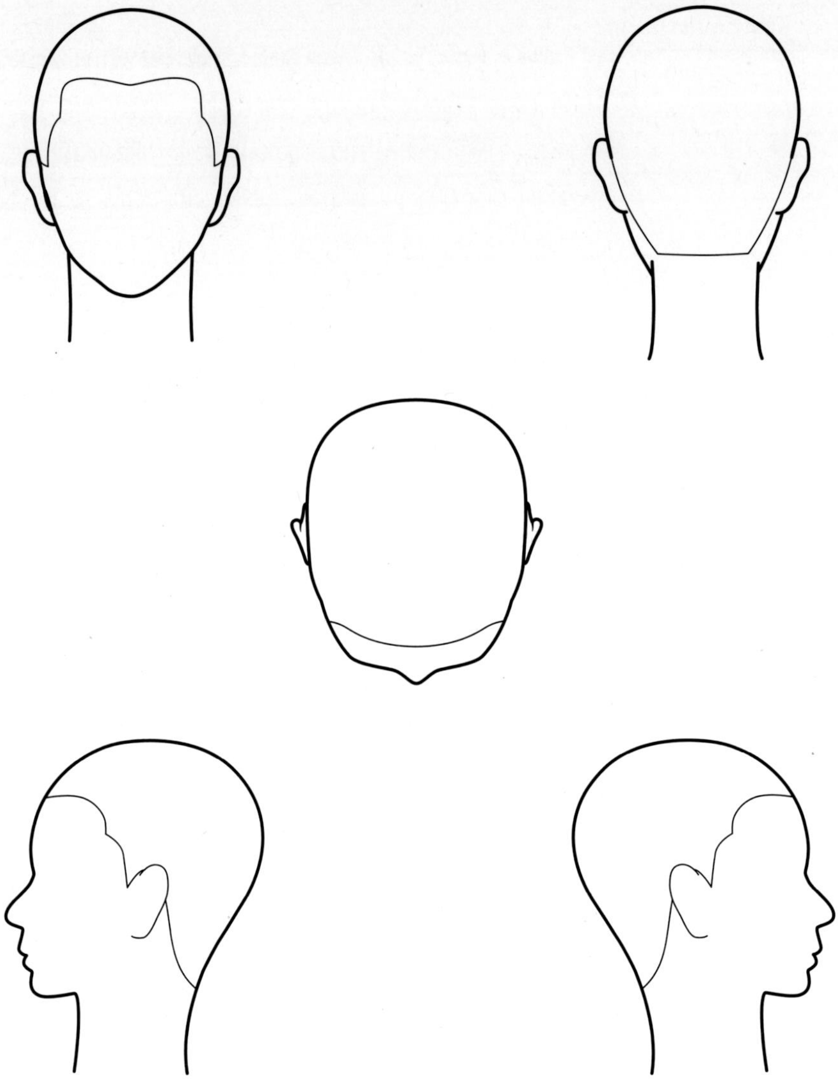

Notes

3. 수평 원랭스(Horizontal One Length) II

수평 원랭스는 아웃라인이 수평의 모양을 띠는 층이 없는 형태의 커트로 두상의 내측과 외측의 모발이 하나의 라인에서 만나게 커트한다.
수평 원랭스 컷은 단정하고 정적인 느낌을 주며 길이에 따라 다양한 이미지를 연출할 수 있다.
수평 원랭스를 자르는 방법 중 빗을 이용한 기법은 두상의 곡면과 머리의 위치(head position)를 이용하여 층이 생기지 않게 커트하는 방법으로 손으로 판넬을 잡는 방법에서 손이 하는 역할을 빗이 대신하여 커트 선을 만든다.

1) 구조

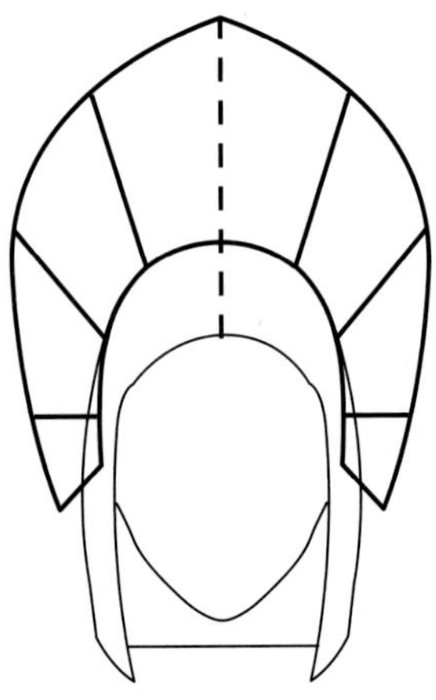

2) 섹션

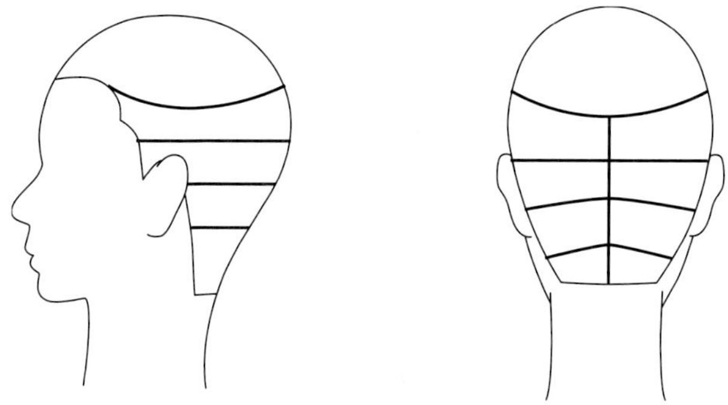

3) 테크닉

❶ 섹션 : 다이애거널 포워드 섹션(diagonal forward section)
호리존탈 섹션(horizontal section)

❷ 빗질 : 자연스럽게 아래로 빗질

❸ 각도 : 0°(0° in the comb)

❹ 컷 : 블런트 컷(blunt cut)

시술 과정(processing)

시술 전

1. 물 스프레이(spray)로 모발을 적신 후 센터(center)에서 네이프(nape)까지 중 백 센터(back center)를 탄다. 톱(top)에서 이어 포인트(ear point)까지를 연결하여 4등분 블로킹을 탄다.

2. 다이애거널 포워드 섹션(diagonal forward section)을 이용하여 옥시피탈 본(occipital bone)에서부터 사선으로 섹션을 탄다.

3. 양쪽으로 섹션을 나눈 후 층이 생기는 것을 방지하기 위해 두상의 위치가 앞쪽으로 기울어지게 고개를 앞으로 살짝 숙인다.

4. 빗으로 모발 판넬을 중력이 작용하는 방향(natural falling, 네추럴 폴링)으로 각도 없이 빗고 빗을 평행하게 둔 상태에서 수평으로 커트한다. 커트 시 가위는 빗에 붙이지 않고 커트하는 선은 빗에서부터 0.5cm 밑에서 시작하여 자르는 수평선이 보이는 상태에서 커트한다.

5. 빗어 내린 판넬의 중앙에서부터 텐션이 들어가지 않도록 빗으로 빗고, 빗 모양이 수평이 되게 한 후 커트하는데 이때 중앙에서 가이드 라인이 되는 길이를 설정한 후 양옆으로 이동하면서 컷을 진행하며 섹션과 빗, 손가락, 가위가 모두 섹션의 모양과 같이 사선 라인이 만들어질 수 있도록 한다.

6. 계속해서 위쪽으로 올라가면서 부드러운 사선 섹션을 타서 커트를 진행한다.

7. 이때 머리의 위치(head position)는 가이드 라인을 커트하던 아래 섹션보다 조금 든 상태에서 커트한다. 이는 고개를 숙이고 커트하면 위로 올라갈수록 모발이 길게 커트되는 원리를 이용하여 층이 생기지 않게 커트하기 위하여 머리의 위치를 들면서 커트한다.

8. 자연시술각도 0°로 좌우를 평행으로 커트한 후 양쪽 모발에 밸런스를 체크하면서 위쪽으로 진행한다.

9. 백과 연결해서 홀슈 섹션(horseshoe section)을 탄다. 홀슈 섹션을 탈 때는 백 센터를 기준으로 좌 · 우로 나눈 모발을 앞에서 잡고 뒤쪽 모발을 끌어오듯이 빗어 한 번에 섹션을 나눈 후 머리 위치를 바로 세운다.

10. 백에서와 마찬가지로 호리존탈 섹션을 이용하여 사이드 길이를 연장하여 수평으로 컷하는데 귀 위를 컷할 때는 이어 포인트(E.P) 위를 한 번 눌러주어 귓바퀴의 부피만큼 점핑되지 않도록 주의하면서 위쪽으로 진행한다.

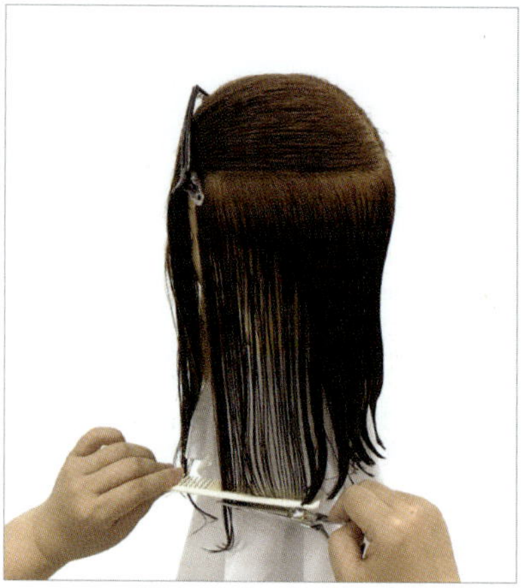

11. 사이드 부분을 커트할 때는 마른 후 점핑하는 것을 방지하기 위하여 가위로 이어 포인트(ear point) 위를 눌러 준 후 수평으로 커트한다.

12. 양쪽 사이드를 자르고 나면 이어 포인트(E.P)에서 밸런스 체크를 하여 앞쪽의 길이가 같은지 체크한다.

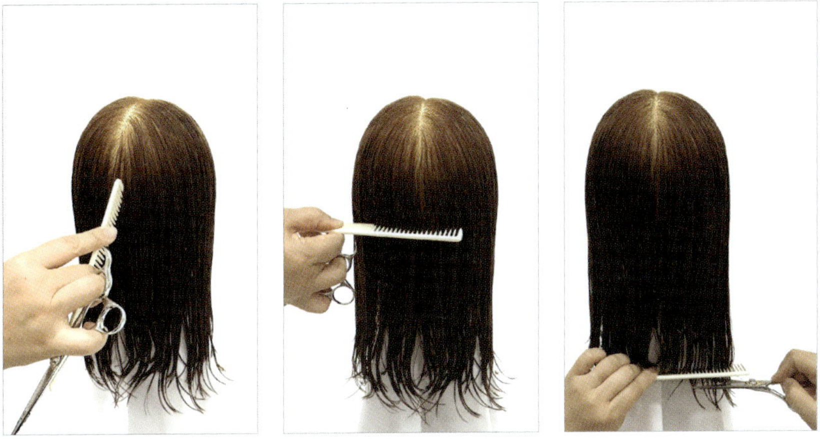

13. 골든 포인트(G.P)에서는 모발의 방향이 사이드와 백으로 자연스럽게 이어질 수 있도록 빗을 세워 모발이 난 자연 방향으로 모발을 빗어 자리를 잡아주고, 골든 백 미디움 포인트(G.B.M.P) 밑으로는 성근살을 이용하여 수평으로 빗어 커트한다. 이때 빗살을 성근살로 빗는 것은 전체 모발의 양이 많아 빗을 때 빗살을 통하는 순간 텐션이 강하게 들어가는 것을 방지하기 위해서이다.

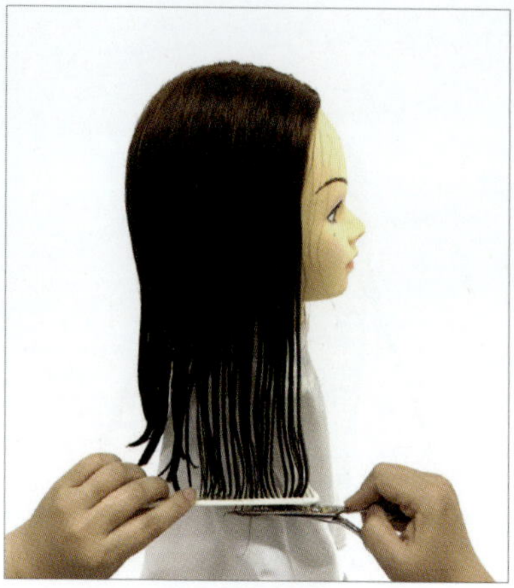

14. 앞쪽 머리는 원랭스 컷에서 빗는 방향에 따라 길이의 차이가 가장 많이 나는 부위이므로 앞쪽이나 뒤쪽으로 오버되지 않도록 페이스 라인을 따라 자연스럽게 옆으로 빗어 가이드 라인에 맞추어 커트한다.

15. 컷을 완성하고 프론트(front)에서 삼각형 섹션을 만들어 앞쪽 머리의 길이를 체크하고 전체 밸런스, 아웃라인의 모양을 체크한 후 마무리한다.

완성

스타일링 1

스타일링 2

스타일링 3

Key point

1. 원랭스 컷(one length cut)을 할 때 두피에 대한 헤어의 각도는 0°이며 지표에 대한 컷 선의 각도 또한 0°이다. 손으로 모발을 잡을 시 판넬을 잡으면 손가락 하나가 들어가는 각도인 15° 만큼의 각도가 생기게 되고 텐션이 가해져 층이 생기게 되므로 고개를 살짝 숙여 그 층이 생기는 것을 방지해준다.

2. 빗질을 할 때 백 포인트(B.P) 밑은 고운 빗살로 백 포인트(B.P) 위는 성근 빗살로 빗질한다. 이는 빗살의 간격에 따라 텐션의 정도가 달라지기 때문이다. 모발의 양이 적은 백 포인트 밑은 고운살로 빗어 가이드 라인을 정확히 만들고 모발의 양이 많아지는 백 포인트 위는 성근살로 빗어 커트하게 되면 모발이 당겨져 시술 후 층이 생기는 것을 방지할 수 있다.

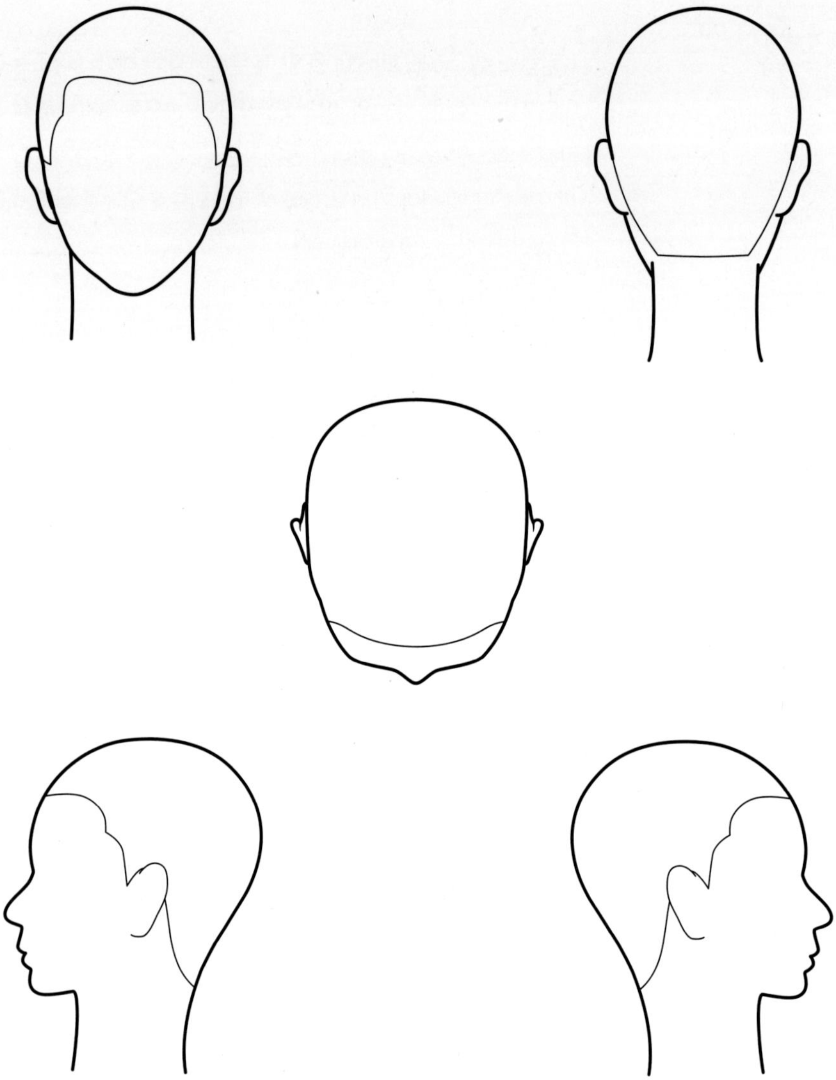

Notes

4. 전대각 원랭스(Diagonal Forward One length)

전대각 원랭스는 앞쪽으로 기울어지는 다이애거널 포워드 섹션의 사선을 이용하여 커트하는 원랭스 스타일이다. 백(back)에 있는 모발의 길이가 프론트(front)로 진행될수록 길어지는 아웃라인(out line)을 가지는 컷으로 콘케이브 형태(concave form)를 이룬다. A-line 원랭스(A-line one lenth), 스파니엘(spaniel)이라고도 불린다.

앞쪽으로 가면서 길어지는 형태로 인하여 턱선이 날렵하게 보이는 효과가 있어 둥근 얼굴이나 볼에 살이 많은 사람에게 어울리며 현대적이며 세련된 느낌을 준다.

1) 구조

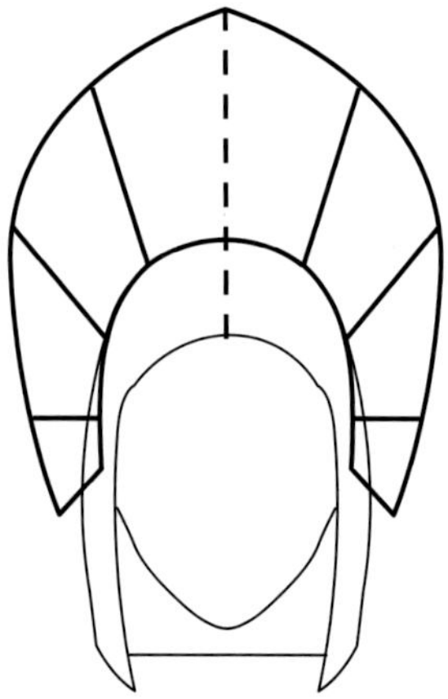

2) 섹션

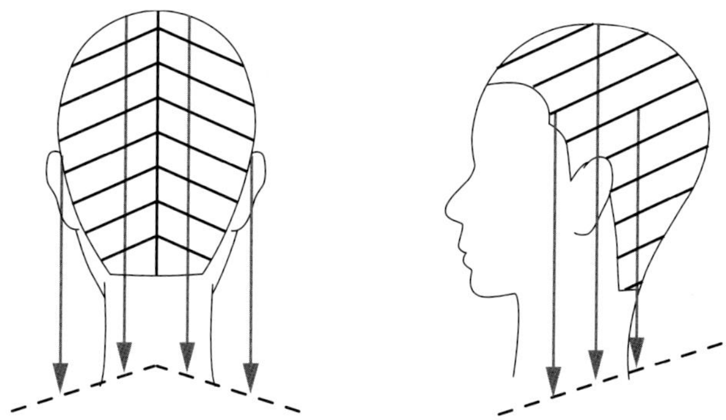

3) 테크닉

❶ 섹션 : 전대각(diagonal forward section)

❷ 빗질 : 자연스럽게 아래로 빗질

❸ 각도 : 0°(0° in the comb)

❹ 컷 : 사선 블런트(diagonal blunt)

시술 과정(processing)

1. 물 스프레이(spray)로 모발을 적신 후 센터(center)에서 네이프(nape)까지 중 백 센터(back center)를 탄다. 톱(top)에서 이어 포인트(ear point)까지를 연결하여 4등분 블로킹을 탄다.

2. 첫 섹션을 앞쪽으로 기울어지는 전대각 A-Line이 되도록 다이애거널 포워드 섹션(diagonal forward section)을 탄다.

3. 백 센터(back center)에서 디자인에 맞는 길이를 설정한 후 자연스러운 수평으로 1~2cm의 가이드 라인을 만든다.

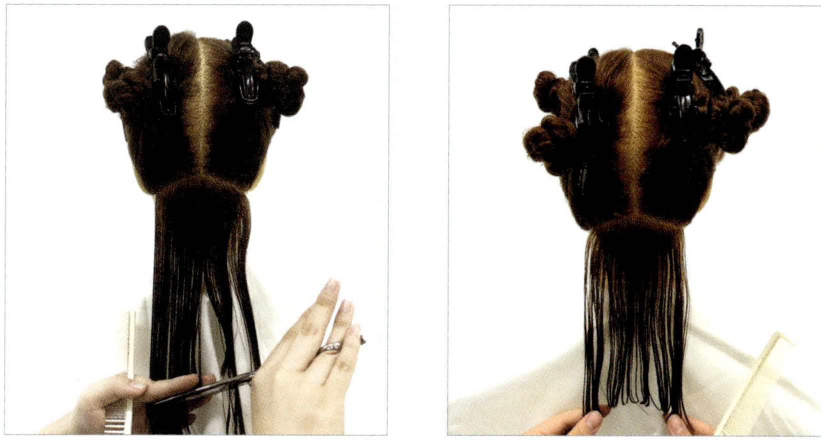

4. 3의 과정에서 만들어진 가이드 라인을 기점으로 빗을 사선이 되게 각도를 준 다음 모발을 빗어 내리고 섹션의 모양과 평행하게 가위를 넣어 커트한다. 이때 섹션의 각도와 빗의 각도, 가위의 기울기를 같게 유지하며 모발이 들어 올려지지 않게 0°로 양쪽을 커트하고 밸런스를 체크한다.

5. 계속해서 전대각의 다이애거널 포워드 섹션을 이용하여 크라운(crown) 부분까지 진행한다. 백 포인트(B.P) 위로는 두상을 타고 빗질하여 마른 후 층이 생기는 것을 방지한다. 커트한 후 아웃라인(out line)의 모양이 네이프(nape)는 짧고 사이드(side)로 갈수록 길어지는 콘케이브 라인(concave line) 형태가 되게 한다. 양쪽 커팅 후 밸런스 체크를 한다.

6. 사이드도 다이애거널 포워드 섹션을 탄다. 가이드 라인을 따라 앞쪽으로 기울어지는 앞내림 형태가 되게 하고 귓바퀴의 부피로 인해 점핑되는 것을 방지하기 위해 귀 위를 가위로 살짝 눌러준 후 진행한다.

7. 크라운 부분의 모발은 방사선 방향(pivot section)으로 빗질한다.

8. 관자놀이(temple area) 윗부분의 모발은 앞쪽으로 처지지 않도록 자연스럽게 페이스 라인을 따라 빗어 내려 커트한다.

9. 센터의 모발을 삼각형 섹션을 떠서 앞쪽으로 모아 체크한다.

완성

스타일링 1

스타일링 2

스타일링 3

Key point

1. 네이프(nape)의 디자인이 과도하게 삼각형이 되지 않고 자연스럽게 앞쪽으로 기울어지는 모양을 만들기 위해 시술 과정 2에서와 같이 처음부터 백 센터(back center)를 기점으로 기울기를 주지 않고 자연스러운 수평 모양의 가이드 라인을 설정한 후 앞쪽으로 기울어지게 커트한다.

2. 센터(center)에서 삼각형으로 모발을 떠서 양쪽 삼각형의 기울기가 맞지 않으면 밸런스가 맞지 않는 것이므로 양쪽의 기울기를 체크하고 너무 뾰족하게 튀어나온 부위는 정리한다.

Notes

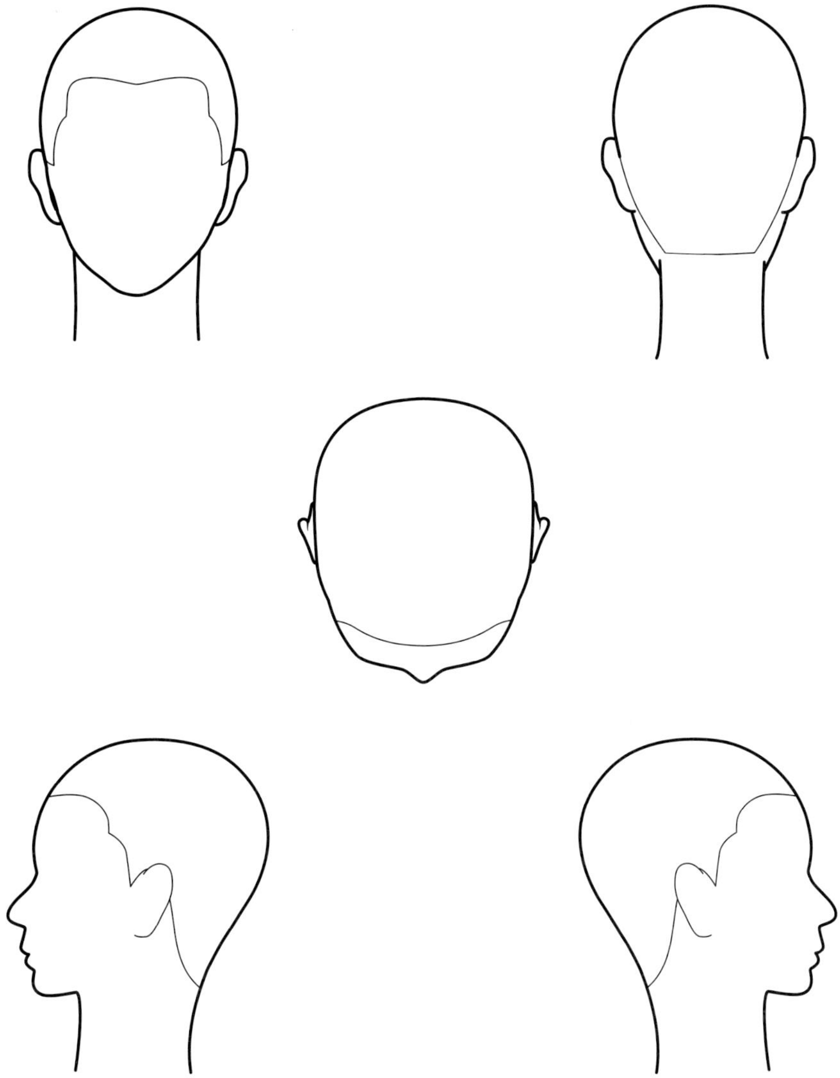

5. 후대각 원랭스(Diagonal Backward One length)

후대각 원랭스는 뒤쪽으로 기울어지는 대각선을 이용하여 커트하는 원랭스 스타일로 사이드(side)에서 네이프(nape)로 갈수록 길이가 길어지는 콘벡스 형태(convex form)를 이룬다. 이 컷은 라운드 원랭스(Round One length), 이사도라(isadora)라고도 불리며 전대각 원랭스와 반대의 라인을 갖는다.

후대각 원랭스는 뒤쪽으로 길어지는 형태로 상대적으로 프론트(front)가 백(back)보다 드러나므로 긴 얼굴이나 얼굴살이 없는 사람에게 어울리며 귀엽고 부드러운 느낌의 원랭스 컷을 만들 수 있다.

1) 구조

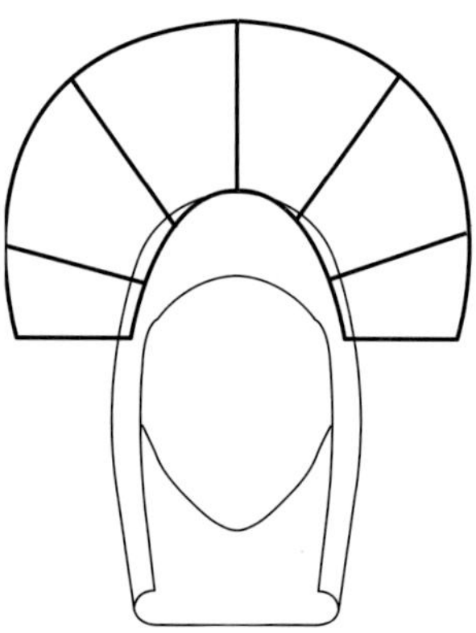

2) 섹션

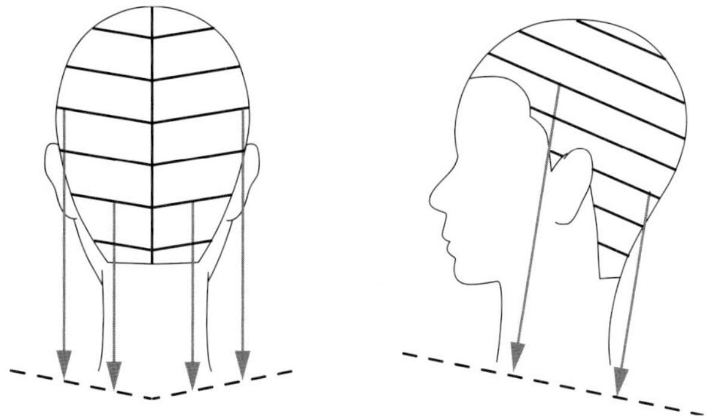

3) 테크닉

❶ 섹션 : 다이애거널 백워드 섹션(diagonal backward section)

❷ 빗질 : 자연스럽게 아래로 빗질

❸ 각도 : 0°(0° in the comb)

❹ 컷 : 블런트 컷(blunt cut)

시술 과정(processing)

1. 물 스프레이(spray)로 모발을 적신 후 센터(center)에서 네이프(nape)까지 중 백 센터(back center)를 탄다. 톱(top)에서 이어 포인트(ear point)까지를 연결하여 4등분 블로킹을 탄다.

2. 다이애거널 백워드 섹션(diagonal backward section)을 이용하여 후대각 섹션을 탄다. 이때 다이애거널 백워드 섹션이 급격해지지 않도록 자연스러운 각도를 설정하여 부드러운 라운드(round) 형태를 만들 수 있도록 한다.

3. 길이를 설정하고 섹션과 같은 모양이 되도록 빗과 가위를 평행하게 해서 콘벡스(convex) 형태가 되도록 가이드 라인을 설정한다. 빗과 섹션의 기울기가 평행이 되도록 설정하고 빗어 내린 모발을 커트할 때 빗과 가위의 간격이 너무 좁으면 자르는 라인이 보이지 않으므로 0.5mm 정도 밑에서 컷을 시작한다. 양쪽의 길이가 같게 밸런스를 유지하려면 기울기가 같아야 하므로 빗의 각도에 유의하여 동일한 기울기를 유지하도록 한다.

4. 그림의 섹션과 같은 기울기로 섹션을 떠서 위쪽으로 진행하며 귀 위쪽 모발이 점핑하여 짧아지는 것을 방지하기 위하여 살짝 눌러준 후 커트한다.

5. 크라운의 모발은 피봇 라디얼 섹션(pivot radial section)으로 방사선으로 모발이 자연스럽게 떨어지게 빗질한 후 커트한다.

6. 프론트의 모발이 얼굴 앞쪽으로 쏟아지게 빗질하여 커트하면 프론트의 모발이 짧아지게 되므로 페이스 라인을 따라 빗어 커트한다.

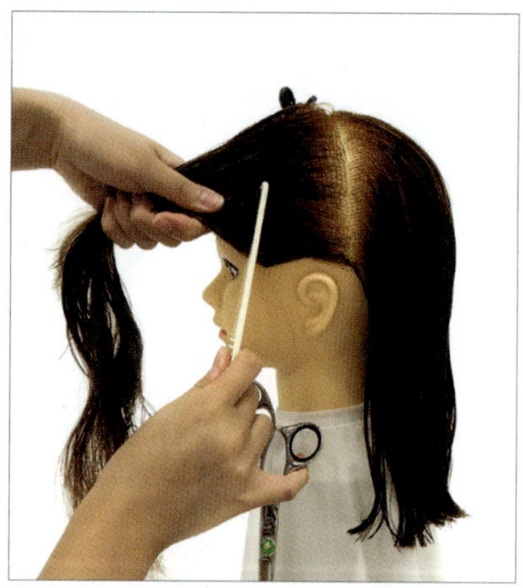

7. 사이드와 겉 모발은 점핑하므로 텐션을 강하게 주지 않고 커트하며 좌 · 우의 기울기를 같게 유지하여 아웃라인의 모양이 균형 잡히도록 한다.

8. 전체적으로 자연스러운 라운드 형태가 되도록 아웃라인을 정리하고 앞쪽 모발을 삼각형으로 떠서 너무 뾰족한 코너는 정리한다.

완성

스타일링 1

스타일링 2

스타일링 3

Key point

1. 네이프(nape)에서 각도를 너무 많이 주어 사선의 기울기가 급격해지면 사이드(side)로 진행되었을 때는 기울기가 더욱 급해져 백의 아웃라인이 뒤쪽으로 사이드와 백의 형태가 의도하지 않게 뒤로 많이 빠지는 유 라인(U-line) 형태가 생기므로 디자인의 결과를 예상하여 각도를 설정한다.

2. 모발이 마르면 잘린 모발이 점핑하여 층이 생길 수 있으므로 백 포인트(B.P) 위의 모발을 빗을 때는 두상의 곡면을 따라 빗겨질 수 있도록 모발을 두피에 붙여 빗어준다. 결과적으로 두상의 곡면을 따라 빗겨진 모발이 수직으로 빗었을 때 보다 1~2mm 길게 커트되어 모발이 마르고 난 다음 층이 생기는 것을 방지할 수 있다.

Notes

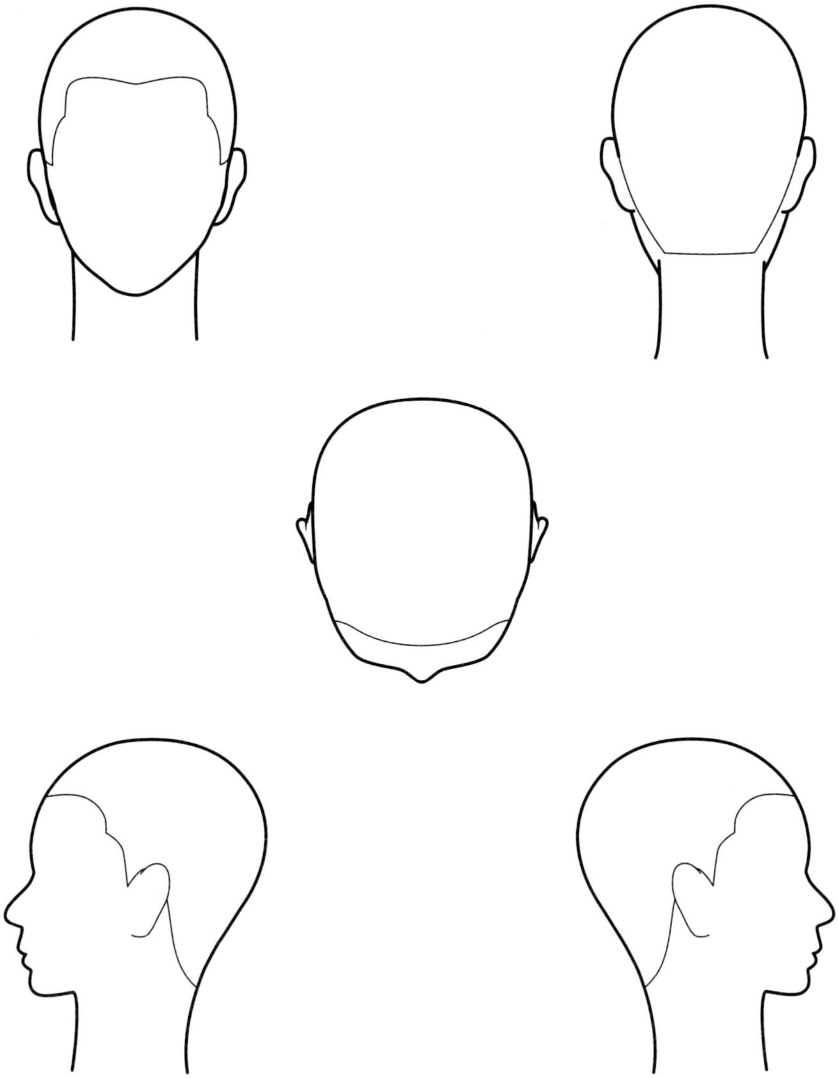

Chapter

그래쥬에이션 (Graduation Form)

1. 그래쥬에이션의 개괄
2. 로우 그래쥬에이션(low graduation)
3. 미디움 그래쥬에이션(medium graduation)
4. 하이 그래쥬에이션(high graduation)
5. 클래식 그래쥬에이션(classic graduation)
6. 라운드 그래쥬에이션(round graduation)
7. 숏 그래쥬에이션(short graduation)

1.

그래쥬에이션(Graduation Form)의 개괄

그래쥬에이션(graduation) 컷은 층의 단차를 이용하여 컷 디자인을 하는 것으로 볼륨을 형성(built up of volume)해 나가는 컷을 말하는데 두상의 둥근 모양을 따라 미묘한 단차가 생겨 입체적인 스타일의 컷을 만들 수 있다.

구조그래픽을 살펴보면 네이프(nape)의 길이는 짧고 톱(top)으로 올라갈수록 길이가 길어지는 형태로 길이의 단차로 인해 원랭스(one length)보다는 가볍고 레이어(layer)보다는 무거운 중간 정도의 무게감을 형성한다.

그래쥬에이션(graduation) 컷은 각도에 따라 층의 범위가 결정되는데 두상이나 지표를 중심으로 한 자연시술각 45°는 표준시술각으로 볼륨을 가장 이상적으로 만들 수 있다. 그래쥬에이션 형태를 만들 수 있는 각도는 1~89°로 1~30°를 이용한 컷은 로우 그래쥬에이션(low graduation), 31~60°를 이용한 컷은 미디움 그래쥬에이션(medium graduation), 61~89°를 이용한 컷은 하이 그래쥬에이션(high graduation)이라고 하며 각도가 높아질수록 층의 범위가 넓어져 층이 많이 생기게 된다.

그래쥬에이션(graduation) 컷은 후두부가 납작한 사람에게 볼륨감을 주어 형태적 입체감과 조형미를 살릴 수 있고 특히 미디움 스타일(medium style)과 숏 스타일(short style)에 응용되어 다양한 헤어스타일을 만들 수 있다.

1) 구조(Structure)

그래쥬에이션 스타일은 네이프(nape)의 모발보다 톱(top)으로 갈수록 모발의 길이가 길어진다. 원랭스와 같이 톱(top)으로 갈수록 모발이 길어진다는 공통점이 있지만 원랭스보다는 길어지는 정도가 덜하며 네이프 모발과 톱의 모발을 펼쳤을 때의 기울기가 보다 완만하다. 모발 길이의 차이는 두상을 따라 흘러내리며 머리 끝에서 단차를 형성하여 측면에 둥근 형태를 만든다.

2) 섹션(Section)

그래쥬에이션 컷에서 가장 많이 사용되는 섹션은 호리존탈 섹션과 다이애거널 섹션이지만 층의 높이를 결정하는 가이드 라인을 만들 때는 버티컬 섹션을 사용하고 디자인의 의도에 따라 호리존탈 섹션이 사용된다.

섹션의 모양과 층의 범위에 따라 아웃라인의 느낌이 달라지며 하나의 디자인 안에서도 층의 범위를 조절할 수 있다.

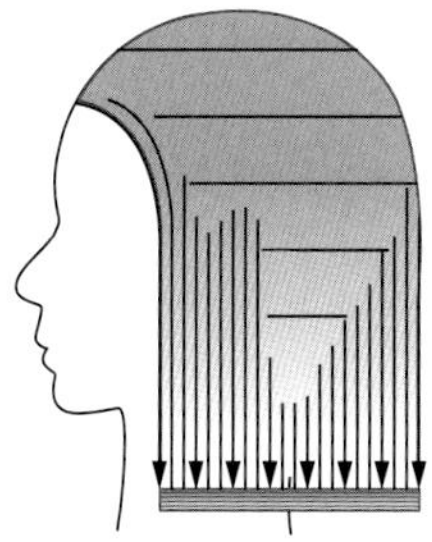

(1) 패럴렐(parallel)

호리존탈 섹션을 이용한 그래쥬에이션 형태로 층이 수평선 형태로 형성되며 정적인 이미지를 형성한다.

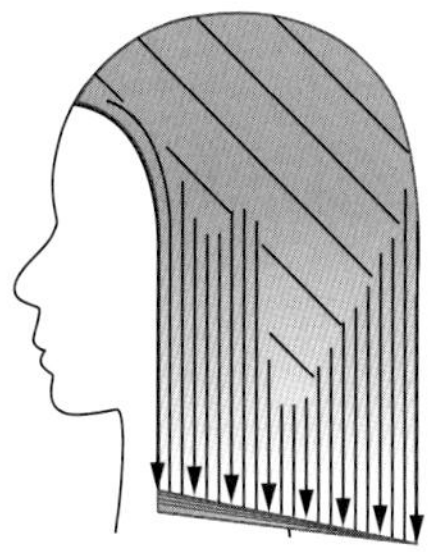

(2) 디크리싱(decreasing)

다이애거널 백 섹션을 이용한 그래쥬에이션 형태로 프론트(front)에서 백(back)으로 진행할수록 층이 감소한다.

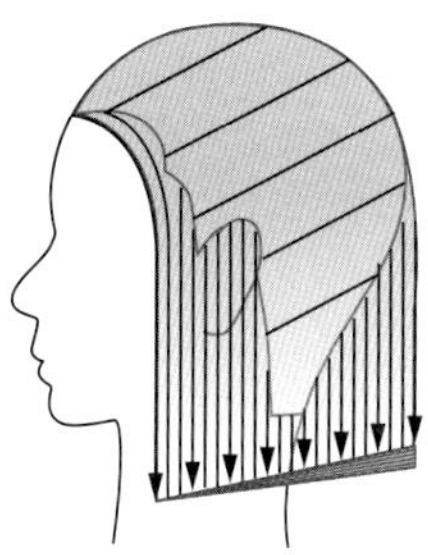

(3) 인크리싱(increasing)

다이애거널 포워드 섹션을 이용한 그래쥬이션 형태로 프론트(front)에서 백(back)으로 진행할수록 층이 증가하여 볼륨을 만든다.

3) 각도(Angle)

각도란 커트 시 두피로부터 모발을 들어 올릴 때 두상과 패널의 시술각을 말하는데 각도가 없이 컷을 하면 층이 없고 각도가 높아질수록 층이 많이 난다. 그래쥬에이션 컷에서 알맞은 볼륨을 형성하고 층의 연결을 부드럽게 하는데 각도의 역할은 아주 중요하다. 각도는 천체축을 중심으로 하여 지면의 수직이나 수평에 대한 지면각도인 자연 각도와 두상에 대한 일반각도인 두상에 의한 각도가 있는데 그래쥬에이션 컷을 할 때는 지면에 의한 자연각도를 이용한다.

그래쥬에이션 컷은 층의 범위를 크게 3가지로 나누어 1~30°를 이용한 컷은 로우 그래쥬에이션(low graduation), 31~60°를 이용한 컷은 미디움 그래쥬에이션(medium graduation), 61~89°를 이용한 컷은 하이 그래쥬에이션(high graduation)이라 한다. 커트할 때 패널을 들어 올리는 각도에 따라 층의 정도가 달라지며 층의 범위가 결정된다. 로우 그래쥬에이션은 무게와 볼륨이 아래쪽에 있고 하이 그래쥬에이션은 위쪽에 무게와 볼륨감이 있어 가벼운 느낌의 컷 디자인이 된다.

틴닝 가위의 구조

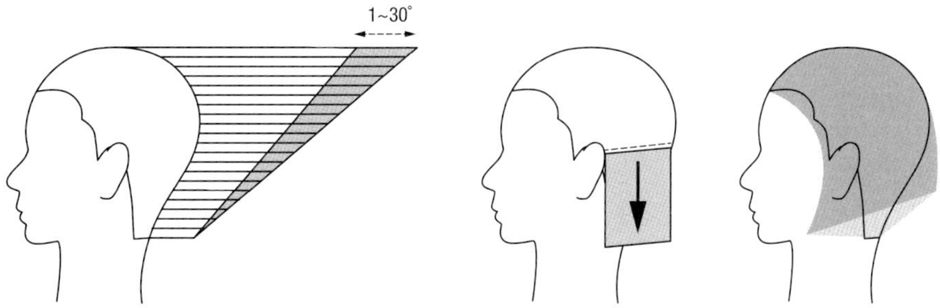

로우 그래쥬에이션(low graduation)

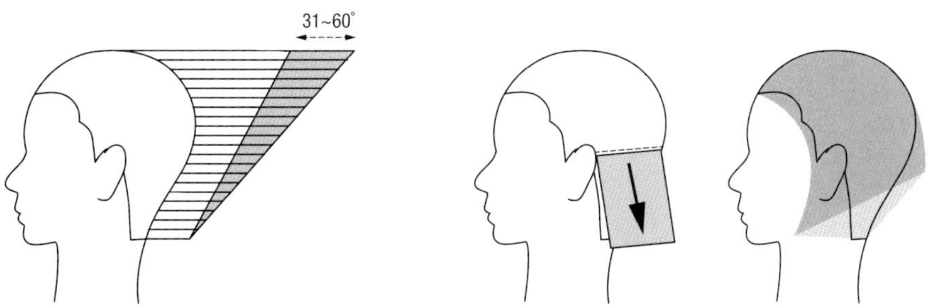

미디움 그래쥬에이션(medium graduation)

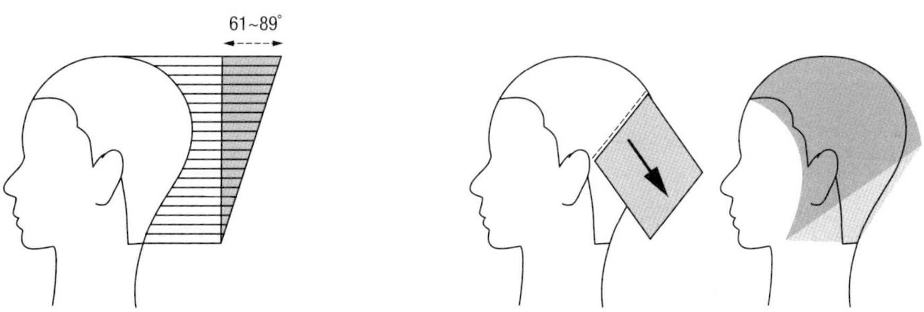

하이 그래쥬에이션(high graduation)

4) 체크 포인트 (Check Point)

❶ 양쪽의 길이를 체크한다.

❷ 양쪽의 그래쥬에이션 폭이 동일한지 체크한다.

❸ 크로스 체크하여 자신이 쓰지 않은 섹션을 사용하여 선의 연결이 잘되어 있는지 확인한다.

❹ 두상에서 프론트 사이드 포인트(front side point), 사이드 포인트(side point), 이어 백 포인트(ear back point), 네이프 사이드(nape side)와 같이 굴곡이 있는 부위를 확인하고 아웃라인을 정리한다.

5) 그래쥬에이션 컷 시술 시 주의사항

❶ 그래쥬에이션 컷은 두상의 모양에 영향을 많이 받으므로 모발의 형태와 자라난 방향에 따라 모발이 뜨고 뻗치는 정도를 파악한다.

❷ 시술자의 위치를 베이스(base)에 따라 옮긴다.

❸ 각도의 변화에 유의한다.

❹ 판넬을 당기는 각도에 유의하며 좌우 판넬의 방향을 일정하게 유지한다.

❺ 페이스 라인(face line)과 헴 라인을 따라 내려가는 아웃라인을 정리한다.

❻ 크로스 체크에서 매끄럽지 않은 라인을 정리한다.

❼ 원하는 각도로 판넬을 당길 경우 정확하게 빗질한다.

2. 로우 그래쥬에이션(Low Graduation)

로우 그래쥬에이션은 헤어 커트 각도에 따라 길이가 조절되면서 형태가 만들어지는 스타일이다. 네이프 부분이 짧고 톱으로 갈수록 길어지면서 단차가 만들어지는 커트 스타일이다. 낮은 단차로 모발이 겹쳐지며 무게감을 만들어 입체감이 필요한 커트 디자인에 활용된다. 헤어 커트 시 시술각도가 1~30°를 이용하는 커트로 그래쥬에이션 중에서 낮은 시술각도에 속하며, 무게선에 의한 볼륨이 비교적 낮은 위치에 생성된다.

1) 구조

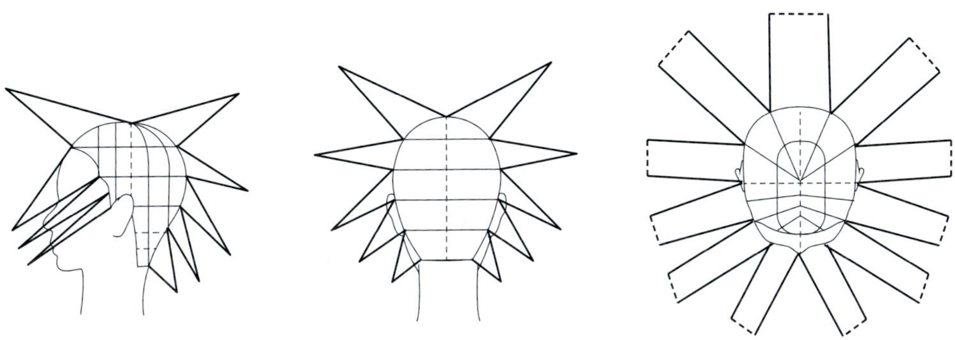

2) 섹션

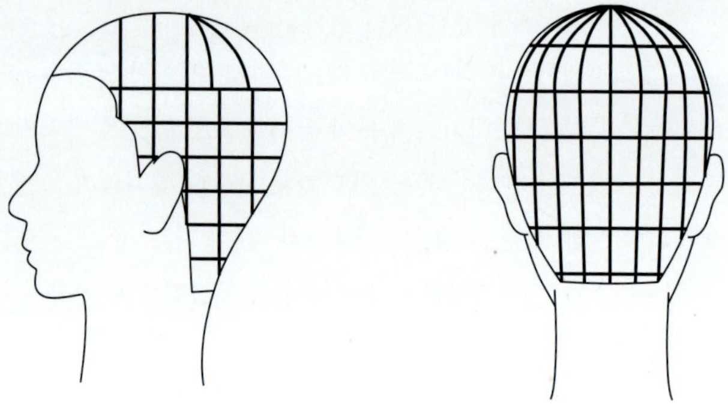

3) 테크닉

❶ 섹션 : 세로 섹션(vertical section), 방사선 섹션(pivot section)

❷ 빗질 : 직각분배

❸ 각도 : 1~30°

❹ 컷 : 블런트 컷(blunt cut)

❺ 베이스 : 온 더 베이스(on base)

시술 과정(processing)

1. 물 스프레이(spray)로 모발을 적신 후 센터(center)에서 네이프(nape)까지 중간 가르마를 탄다. 이어 포인트(ear point)를 나누어 4등분 블로킹을 탄다.

2. 블로킹 후 네이프에서 약 3cm 간격으로 가로 섹션을 나눈다.

3. 나눈 섹션의 정중앙에서부터 커트하며 아웃라인의 모양이 수평이 되도록 커트하여 가이드 라인을 설정한다.

4. 백 센터를 중심으로 좌우 1.5~2cm, 너비 3cm로 버티컬 섹션으로 나누어 모발이 베이스의 정중앙에 위치하도록 온 더 베이스를 이용하여 두상 시술각도 약 30°로 빗질하여 커트한다.

5. 계속해서 위쪽으로 버티컬 섹션을 이용하여 커트를 진행하며 아래 블록과 위쪽 블록의 길이가 자연스럽게 이어질 수 있도록 일률적으로 30°의 시술각을 유지한다. 크라운 지역은 두상의 곡면이 크게 나타나는 지역으로 톱 포인트(T.P)를 꼭짓점으로 방사선 섹션으로 나누고 두상 시술각도 약 30°, 온 더 베이스로 커트한다.

6. 사이드 커트 시 이어 포인트(E.P) 모발의 길이를 가이드로 하여 수평으로 길이를 설정하고 버티컬 섹션을 이용하여 두상 시술각도 약 30°로 온 더 베이스로 커트를 진행한다.

7. 위쪽으로 진행할 때 모발의 각도에 유의하며 아래 블록에서 자른 모발과 층의 연결이 자연스럽게 진행될 수 있도록 하며 커트 후 전체 커트 디자인의 아웃라인, 양쪽 길이 밸런스, 층의 유무 등을 확인한다.

완성

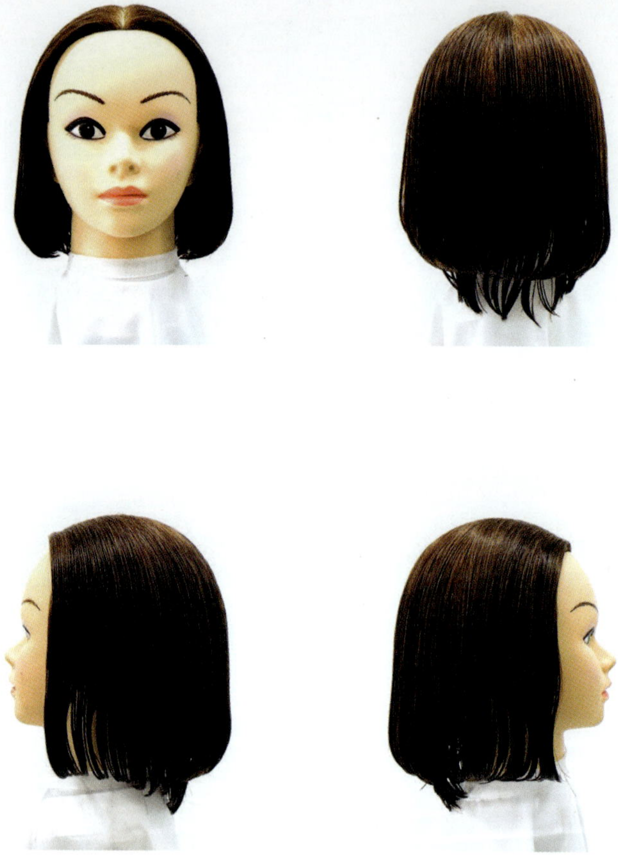

스타일링 1

스타일링 2

스타일링 3

Key point

1. 버티컬 섹션은 호리존탈 섹션에 비해 층의 연결이 자연스러울 수 있으나 베이스 개념이 숙지되어 있지 않으면 좌 · 우의 밸런스가 맞지 않을 수 있으므로 유의한다.

2. 사이드 커트 시술 시 이어 포인트(E.P) 아래의 모발이 없으므로 백에서 같은 선상의 모발 길이를 가이드로 가져온다.

Notes

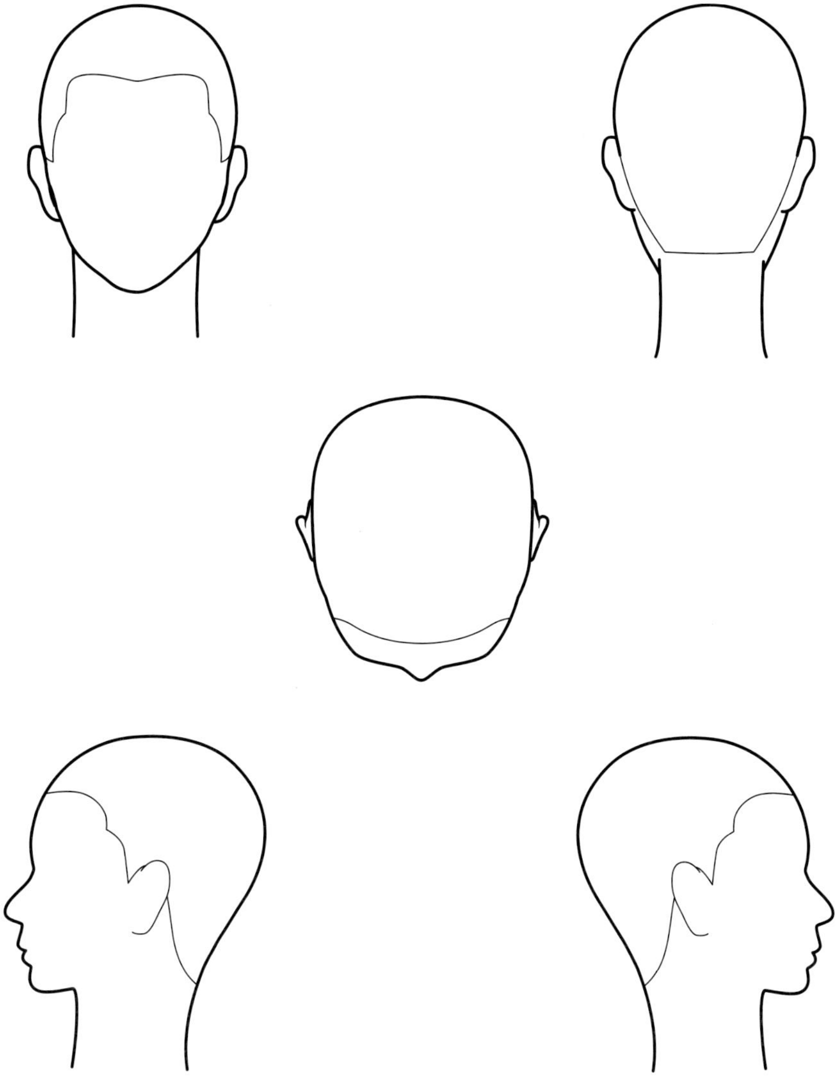

3. 미디움 그래쥬에이션(Medium Graduation)

미디움 그래쥬에이션은 그래쥬에이션 스타일 중 중간 시술각을 이용하는 헤어 커트로 후두부의 볼륨을 유도하는 대표적인 그래쥬에이션 커트 디자인이다. 미디움 그래쥬에이션 커트에는 디자인의 의도에 따라 자연시술각과 일반시술각을 응용해서 사용할 수 있는데 31-60°을 이용하며 45°의 각도를 사용하는 경우가 많다. 높은 각도를 이용할수록 볼륨의 형성이 높은 곳에 위치하며 커트 디자인의 길이가 긴 디자인보다 짧은 디자인일 때 두상의 곡면의 반영되어 볼륨의 위치가 잘 표현된다.

1) 구조

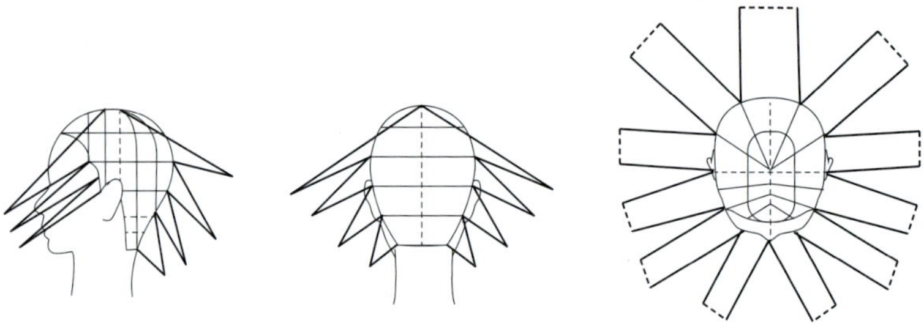

자연 시술각을 이용한 미디움 그래쥬에이션

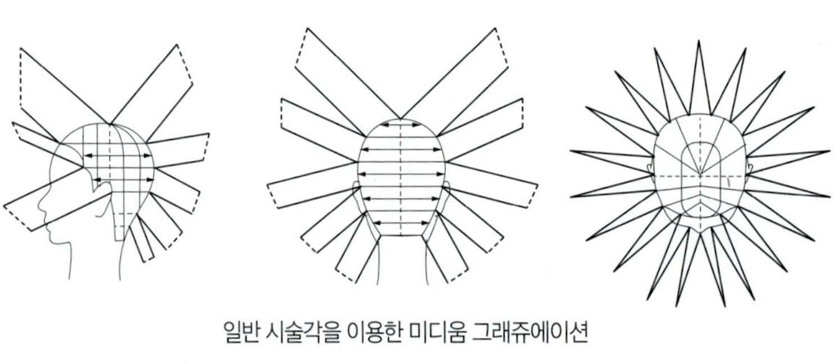

일반 시술각을 이용한 미디움 그래쥬에이션

2) 섹션

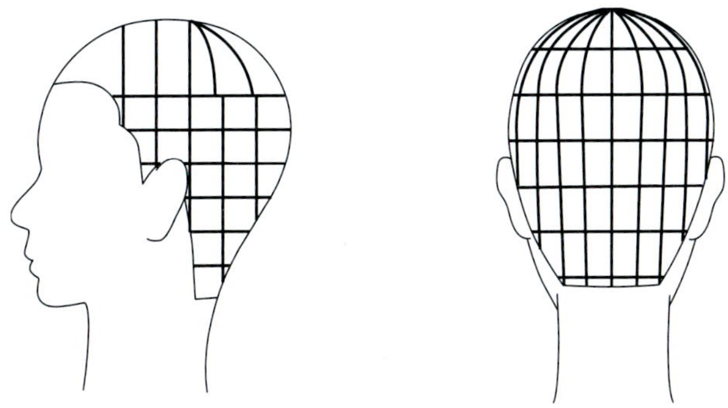

3) 테크닉

❶ 섹션 : 세로 섹션(vertical section), 방사선 섹션(pivot section)

❷ 빗질 : 직각분배

❸ 각도 : 45°

❹ 컷 : 블런트 컷(blunt cut)

❺ 베이스 : 온 더 베이스(on base)

시술 과정(processing)

1. 물 스프레이(spray)로 모발을 적신 후 센터(center)에서 네이프(nape)까지 중 백 센터를 탄다. 톱(top)에서 이어 포인트(ear point)까지를 연결하여 4등분 블로킹을 탄다.

2. 블로킹 후 네이프에서 약 3cm 간격으로 가로 섹션을 나누고 커트하여 가이드 라인을 설정한다.

3. 백 센터(back center)를 중심으로 좌우 1.5~2cm씩, 너비 3cm 정도로 버티컬 섹션으로 나누어 모발이 베이스의 정중앙에 위치하도록 온 더 베이스를 이용하여 그래쥬에이션의 각도 중 중간 시술각도 45°로 미디움 그래쥬에이션 각도를 이용하여 커트한다. 좌 · 우로 버티컬 섹션을 이용하여 커트 시 베이스의 폭이 일정하도록 유지하여 위쪽으로 시술을 진행한다.

4. 위쪽으로 버티컬 섹션을 이용하여 커트를 진행하며 아래 블록과 위쪽 블록의 길이가 자연스럽게 이어질 수 있도록 일률적인 시술각을 유지한다. 크라운 지역은 두상의 곡면이 크게 나타나는 지역으로 톱 포인트(T.P)를 꼭짓점으로 방사선인 피봇 라디얼 섹션으로 나누고 두상 시술각도 약 45°, 온 더 베이스로 커트한다.

5. 사이드 커트 시 이어 포인트(E.P)의 모발을 가이드로 버티컬 섹션을 이용하여 두상 시술각도 약 45°, 온 더 베이스로 커트한다.

6. 사이드의 아래쪽에서 위쪽으로 계속해서 같은 각도로 진행하는데 이때 모발을 드는 각도가 섹션마다 달라지게 되면 일률적인 층의 연결이 어려우므로 각도 유지에 유의하여 커트한다. 커트 후 전체 커트 디자인의 아웃라인, 양쪽 길이 밸런스, 층의 유무 등을 확인한 후 완성한다.

완성

스타일링 1

스타일링 2

스타일링 3

Key point

1. 미디움 그래쥬에이션은 길이에 따라 다양한 이미지를 연출할 수 있는 디자인으로 고객의 얼굴 형태에 맞게 가이드 라인의 길이를 설정한다.

2. 그래쥬에이션 시술 시 층의 연결이 자연스럽게 되기 위하여 같은 각도를 유지하고 가이드의 모발을 같이 잡고 각도를 체크 후 시술한다.

Notes

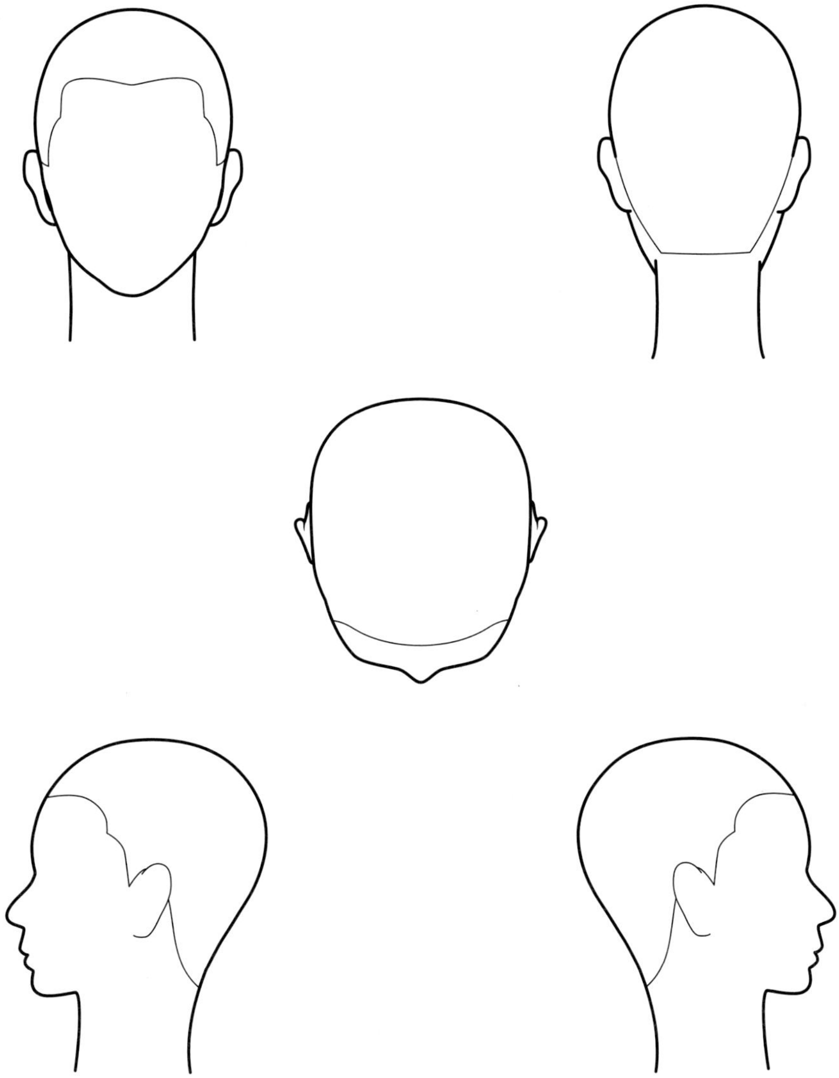

4. 하이 그래쥬에이션(High Graduation)

하이 그래쥬에이션은 그래쥬에이션 컷 중에서 가장 높은 시술각을 사용하는 컷 스타일로 볼륨의 위치가 높고 층이 많이 생기므로 납작한 두상의 결점을 보완할 수 있다. 무게감이 그래쥬에이션 스타일 중 가장 가벼우며 발랄하고 밝은 이미지의 커트 형태를 만들기에 용이하다.

헤어 커트 시 시술각도가 61~89° 정도 (90° 미만)이며, 미디움 이하의 짧은 모발 길이에서는 무게선의 볼륨이 중간보 다 높은 위치에 생긴다.

1) 구조

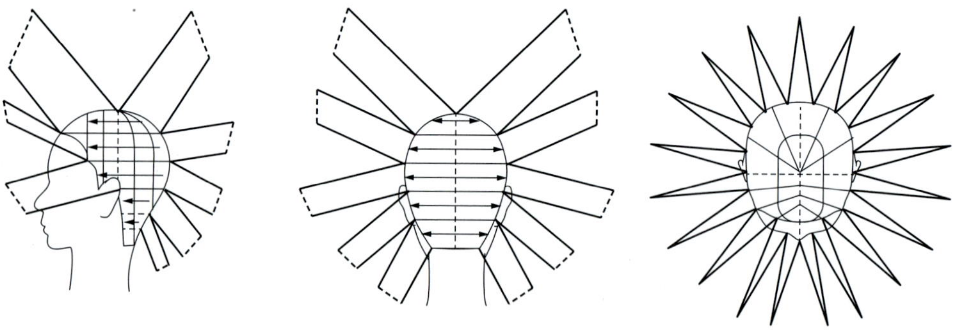

2) 섹션

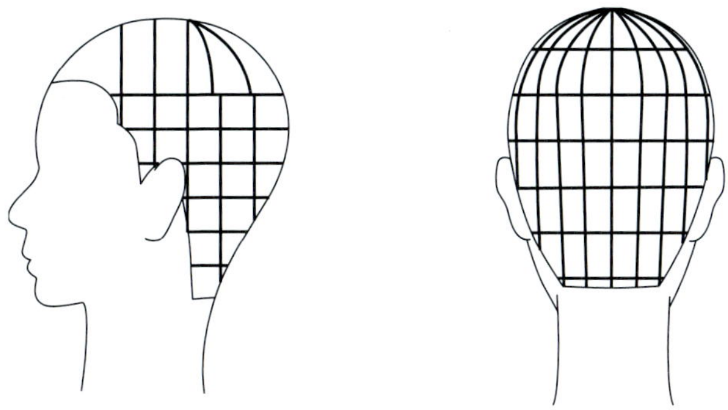

3) 테크닉

❶ 섹션 : 세로 섹션(vertical section), 방사선 섹션(pivot section)

❷ 빗질 : 직각분배

❸ 각도 : 70°

❹ 컷 : 블런트 컷(blunt cut)

❺ 베이스 : 온 더 베이스(on the base)

시술 과정(processing)

1. 물 스프레이(spray)로 모발을 적신 후 센터(center)에서 네이프(nape)까지 중 백 센터(back center)를 탄다. 톱(top)에서 이어 포인트(ear point)까지를 연결하여 4등분 블로킹을 탄다.

2. 블로킹 후 네이프에서 약 3cm 간격으로 가로 섹션을 나누고 커트하여 가이드 라인을 설정한다.

3. 백 센터(back center)를 중심으로 좌우 1.5~2cm씩, 너비 3cm 정도로 버티컬 섹션으로 나누어 모발이 베이스의 정중앙에 위치하도록 온 더 베이스를 이용하여 그래쥬에이션의 각도 70°로 미디움 그래쥬에이션 각도를 이용하여 커트한다. 좌 · 우로 버티컬 섹션을 이용하여 커트 시 베이스의 폭이 일정하도록 유지하여 위쪽으로 시술을 진행한다.

4. 계속해서 위쪽으로 버티컬 섹션을 이용하여 커트를 진행하며 아래 블록과 위쪽 블록의 길이가 자연스럽게 이어질 수 있도록 일률적으로 하이 그래쥬에이션의 각도인 70° 시술각을 유지한다. 크라운 지역은 두상의 곡면이 크게 나타나는 지역으로 톱 포인트(T.P)를 꼭짓점으로 방사선 섹션으로 나누고 온 더 베이스로 커트한다.

5. 사이드 커트 시 이어 포인트(E.P)의 모발을 가이드로 하여 두상 시술각도 약 70°, 온 더 베이스 기법으로 커트한다.

6. 사이드의 아래쪽에서 위쪽으로 계속해서 같은 각도로 진행하는데 이때 모발을 드는 각도가 섹션마다 달라지게 되면 일률적인 층의 연결이 어려우므로 아래 블록에서 시술한 모발을 가이드 라인으로 같이 잡아 각도를 확인 후 커트한다. 커트 후 전체 커트 디자인의 아웃라인, 양쪽 길이 밸런스, 층의 유무 등을 확인한 후 마무리한다.

완성

스타일링 1

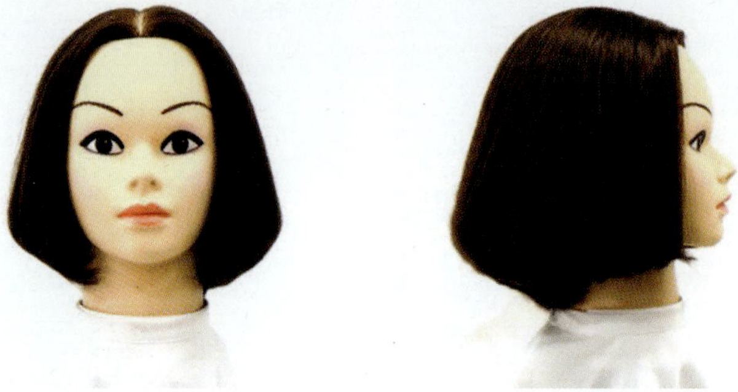

스타일링 2

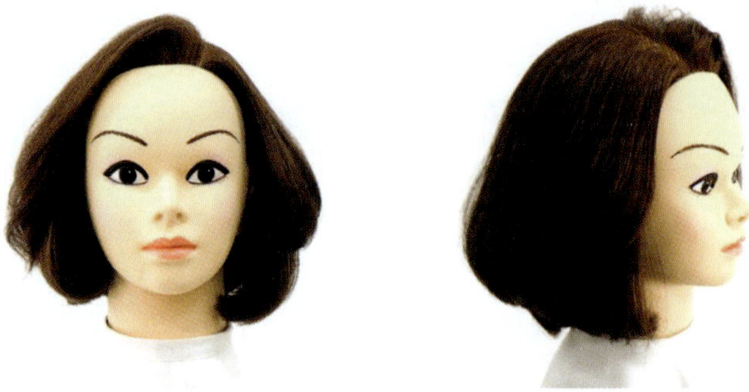

스타일링 3

Key point

1. 그래쥬에이션 커트 시 섹션의 너비가 굵으면 층의 연결이 일률적으로 나오기 어려우므로 베이스의 굵기를 1.5~2cm로 유지한다.

2. 그래쥬에이션 커트 전 컷 디자인에서 층의 폭을 설정한 후 그래쥬에이션의 각도를 설정하여 커트를 시작한다.

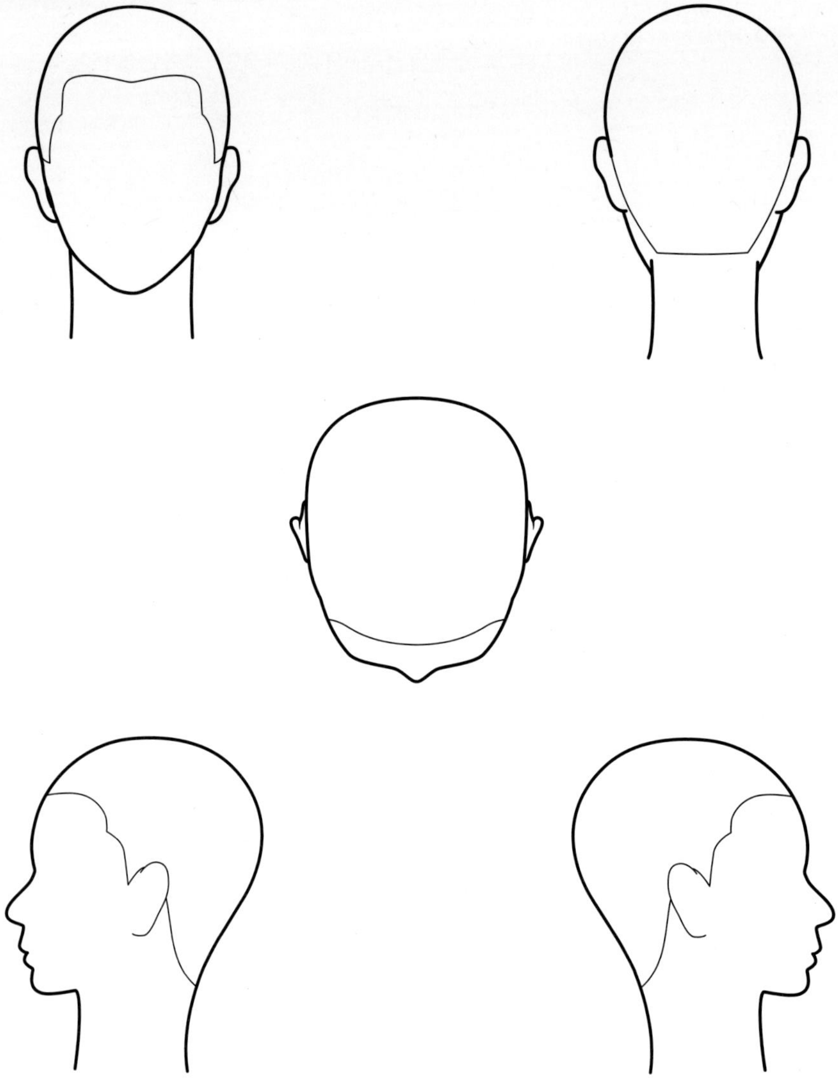

Notes

5. 클래식 그래쥬에이션(Classic Graduation)

클래식 그래쥬에이션은 다양한 얼굴형과 연령에 응용될 수 있는 스타일로 후두부에서는 그래쥬에이션에서 형성된 볼륨이 생성되고 사이드는 가볍게 사선으로 연결된다. 클래식 그래쥬에이션은 그래쥬에이션의 대표적인 스타일로 전대각(diaganal forward)으로 형성된 사선으로 얼굴이 둥글거나 볼이 통통한 사람에게 어울리며 세련된 감각을 느낄 수 있다.

1) 구조

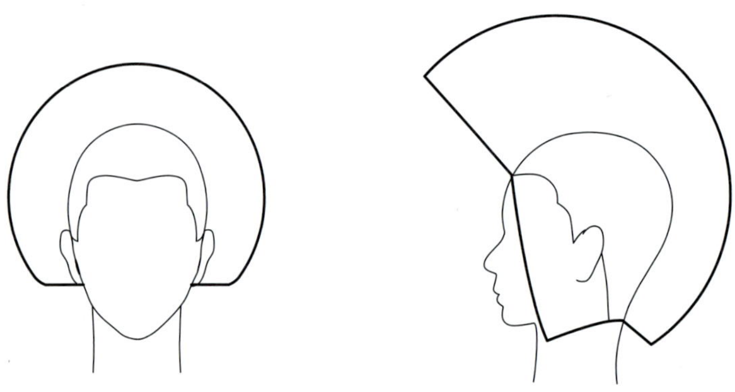

2) 섹션

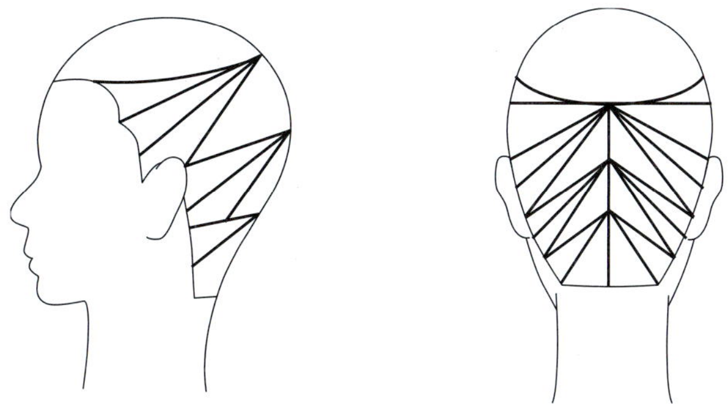

3) 테크닉

네이프(nape)

❶ 섹션 : 피봇팅 다이애거널 포워드 섹션
(pivoting diagonal forward section)

❷ 빗질 : 직각분배

❸ 각도 : 네이프(nape) - 45°

❹ 컷 : 블런트 컷(blunt cut)

❺ 베이스 : 사이드 베이스(side base)

네이프 위(above nape)

❶ 섹션 : 다이애거널 포워드 섹션(diagonal forward section)

❷ 빗질 : 직각분배

❸ 각도 : 네이프 위(above nape) - 45° → 손가락 하나 각도(15°)

❹ 컷 : 블런트 컷(blunt cut)

❺ 베이스 : 오프 베이스(off base)

시술 과정(processing)

1. 옥시피탈 본(occipital bone)에서 이어 백 포인트(ear back point)까지 다이애거널 포워드 섹션(diagonal forward section)을 이용하여 블록을 나눈 후 가이드 라인을 만들기 위해서 네이프 센터(nape center)에서 피봇 라디얼 섹션(pivot radial section)을 타둔다.

2. 고개를 약간 앞으로 숙여 그래쥬에이션 작업이 용이하게 헤드 포지션(head position)을 잡는다. 네이프(nape)로 떨어지는 길이를 염두에 두고 네이프 센터(nape center)에서 버티컬 섹션(vertical section)을 이용하여 45°로 들어 가이드 라인을 설정한다. 중앙의 버티컬 섹션(vertical section) 다음 섹션부터 방사선의 피봇 라디얼 섹션(pivot radial section)을 이용하여 커트를 진행한다.

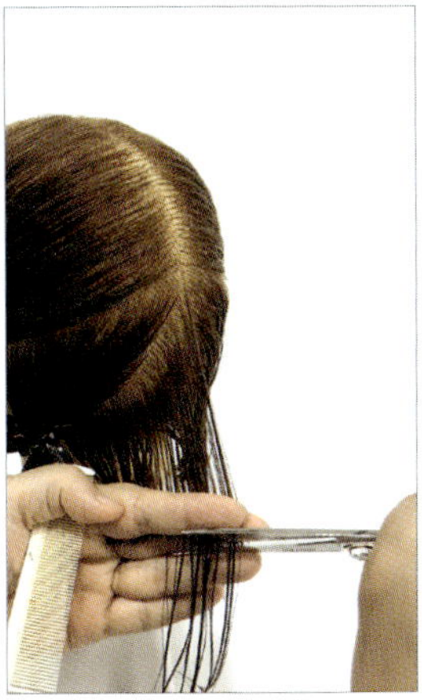

6. 피봇 라디얼 섹션(pivot radial section)을 타고 빗과 섹션의 모양이 'T'자가 되도록 빗고 45°로 가이드 라인에 맞춰 커트한다. 사이드로 진행할 때 오버 디렉션(over direction)시켜 길이가 길어질 수 있도록 커트한다.

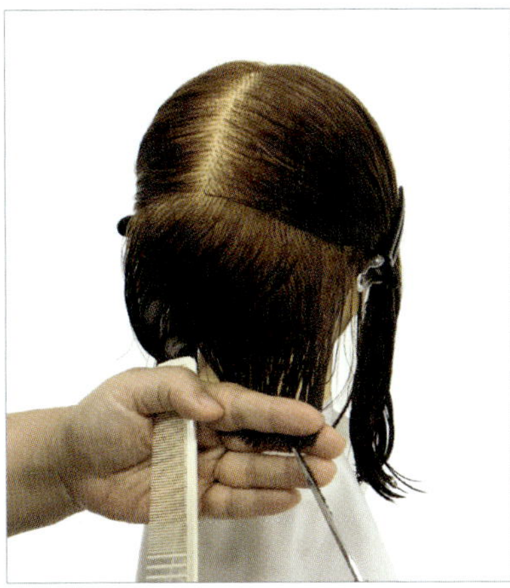

7. 센터 백(center back)을 중심으로 다이애거널 백워드 섹션(diagonal backward section)을 이용하여 크로스 체크하여 커팅된 라인을 체크한다. 이때 커트 선이 불규칙하거나 길이가 이어지지 않는다면 블런트 커트로 라인 전체를 뭉툭하게 잘라내지 말고 나칭 커트로 선을 정리하여 맞지 않는 부분을 연결시킨다.

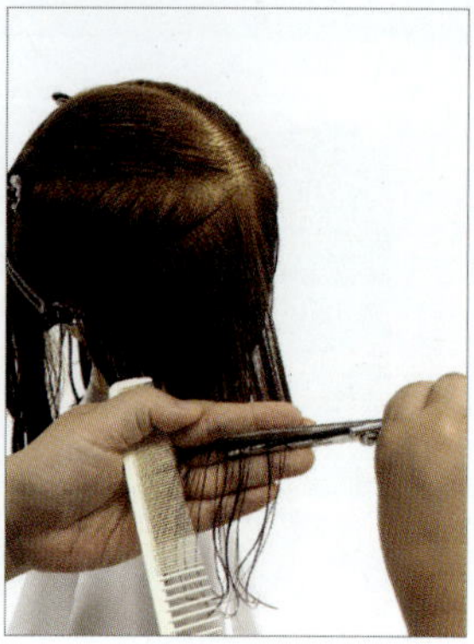

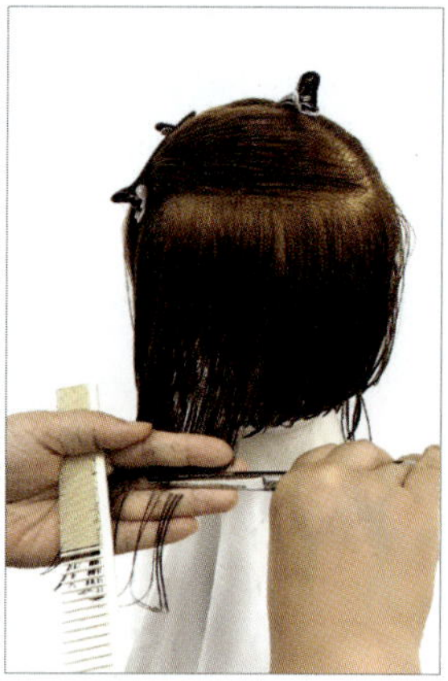

8. 홀슈 섹션을 나눈 후 크라운(crown) 부분과 사이드(side)는 아래쪽에서 커트한 다이애거널 포워드 섹션(diagonal forward section)의 컷 라인과 평행 하도록 섹션(section)을 탄다. 이때 피봇 섹션의 꼭짓점에서 시작하여 계속해서 커트를 진행하며 크라운(crown)에서 사이드로 진행할수록 각도를 낮춰 사이드에서는 낮은 각도에서 층이 많이 생기지 않게 커트한다.

9. 양쪽을 시술한 후 밸런스 체크하여 길이를 맞춘다.

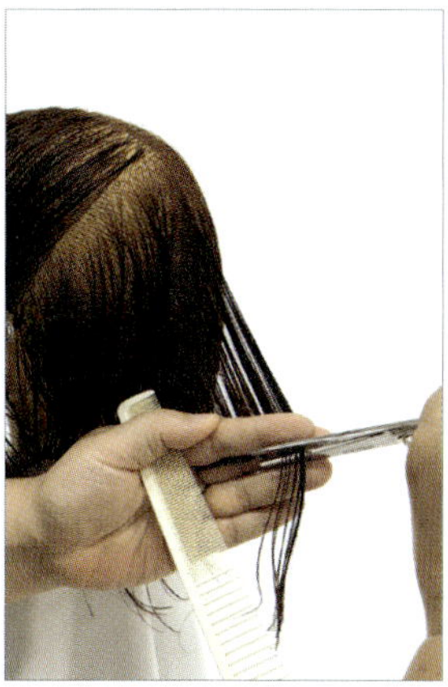

10. 전체 모발을 내린 후 계속해서 아래쪽에서 커트한 라인과 이어질 수 있도록 피봇 섹션을 이용하여 커트한 후 반대쪽을 커트한다.

11. 앞쪽의 모발은 얼굴쪽으로 쏟아지지 않게 모아 잡고 커트 후 나칭 커트로 커팅선을 정리한다.

12. 커트한 라인과 반대편 길이를 체크하기 위하여 앞머리에서 같은 V 형태의 각도가 양쪽이 동일하게 나왔는지 체크하고 커트한 피봇 섹션과 반대 섹션인 다이애거널 백워드 섹션(diagonal backward section)을 사용하여 크로스체크한다. 버티컬 섹션으로 각도 선을 정리한 후 아웃라인을 정리하여 완성한다.

완성

스타일링 1

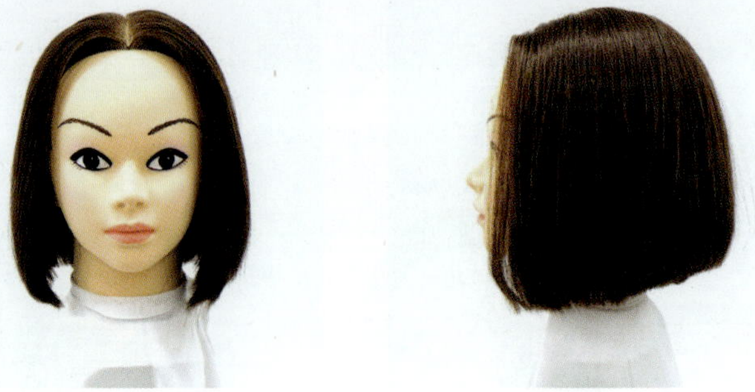

스타일링 2

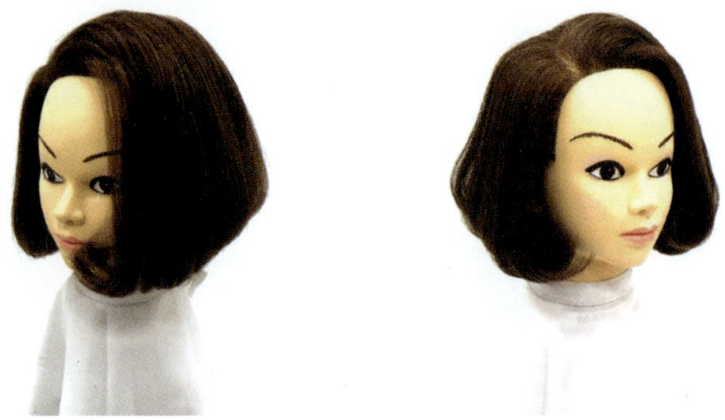

스타일링 3

Key point

1. 클래식 그래쥬에이션(classic graduation)의 가장 큰 특징은 층이 있으면서 전체적인 라인이 A-line이 되는 것이다. 오버 디렉션(over direction)의 정도에 따라 A-line에서 사이드의 길이가 결정되므로 구상된 디자인에 맞게 오버 디렉션의 정도를 결정한다.

2. 클래식 그래쥬에이션 디자인은 네이프(nape)에서의 층이 사이드에서의 층보다 많으므로 사이드로 올수록 각도를 낮추어 층이 많이 생기지 않도록 한다.

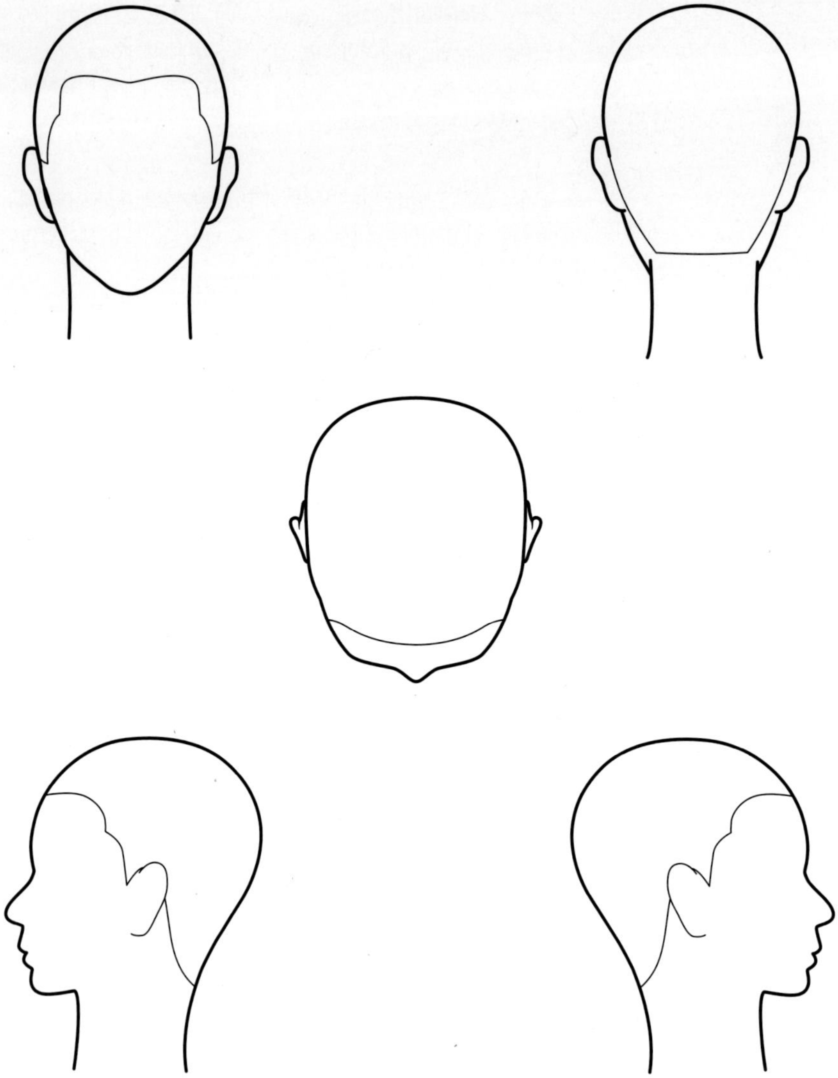

Notes

6. 라운드 그래쥬에이션(Round Graduation)

둥근 형태의 아웃라인이 만들어지는 그래쥬에이션 스타일로 지지(GiGi)라는 애칭으로도 불리며 주로 숏이나 미디움의 길이에 많이 쓰인다. 후대각(diagonal backward)의 기울기에 따라 둥근 정도를 조절할 수 있고 사이드에서부터 백까지 자연스러운 사선으로 연결되는 그래쥬에이션의 층이 돋보이는 디자인이다.

부드럽고 온화한 이미지를 만들 수 있어 다양한 연령과 얼굴 형태에 응용하여 적용할 수 있으며 그래쥬에이션 층의 높낮이에 따라 볼륨을 조절할 수 있다.

1) 구조

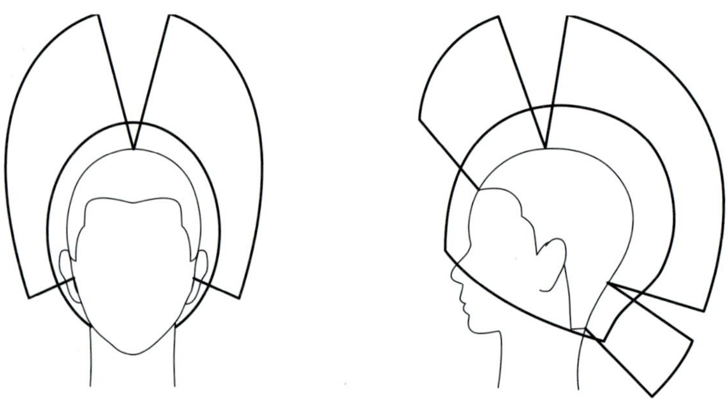

2) 섹션

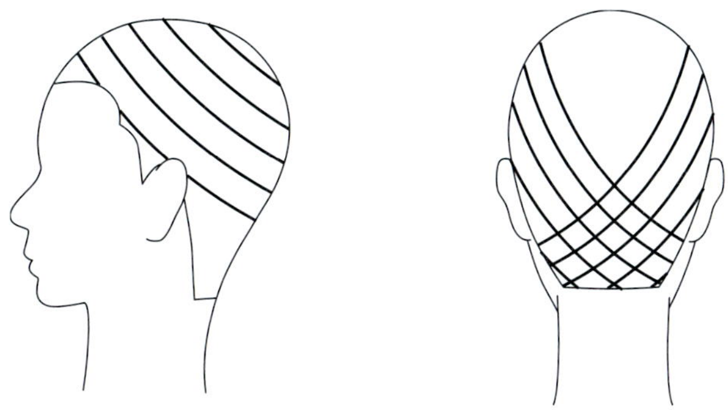

3) 테크닉

❶ 섹션 : 다이애거널 백워드(diagonal backward)

❷ 빗질 : 90° 각도 T자 빗질

❸ 각도 : 45°

❹ 컷 : 블런트 컷(blunt cut)

❺ 베이스 : 오프 더 베이스(off the base)

시술 과정(processing)

1. 센터 파트(center parter)를 나눈 후 사이드(side)에서부터 이어 포인트(E.P)까지 다이애거널 백워드 섹션(diagonal backward section)을 이용하여 뒤쪽으로 기울어지는 섹션을 탄다.

2. 다이애거널 백워드 섹션과 모발의 각도가 90°가 되도록 빗고 사이드보다 이어 포인트의 길이가 짧아지도록 그래쥬에이션 라인으로 가이드 라인을 만든다.

3. 첫 번째 섹션과 평행하게 백(back)쪽으로 기울어지는 섹션을 탄 후 자연스러운 라운드(round) 형태의 아웃라인이 형성되도록 사이드에서 백까지 가이드 라인을 만든다.
처음 섹션을 나누어 가이드 라인을 만들 때 각도를 너무 많이 들게 되면 아웃라인의 층이 많아 너무 가벼워지므로 0°나 낮은 각을 사용한다.

4. 섹션의 마지막에서 코너를 제거하지 않고 직선으로 이어서 커트하면 점점 후두부의 모발 길이가 길어지므로 자연스러운 라운드 형태의 아웃라인을 위하여 코너를 제거한다.

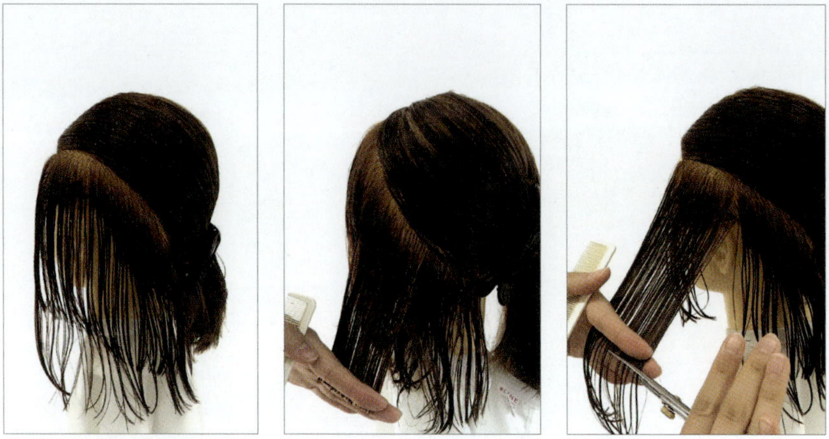

5. 섹션과 평행하게 위 쪽의 섹션을 떠서 진행하는데 섹션을 뜨는 사이드의 위치가 올라가면 백에서 떨어지는 섹션도 네이프(nape)의 중앙쪽으로 이동한다. 45°로 섹션을 들어 가이드 라인을 따라 커트한다.

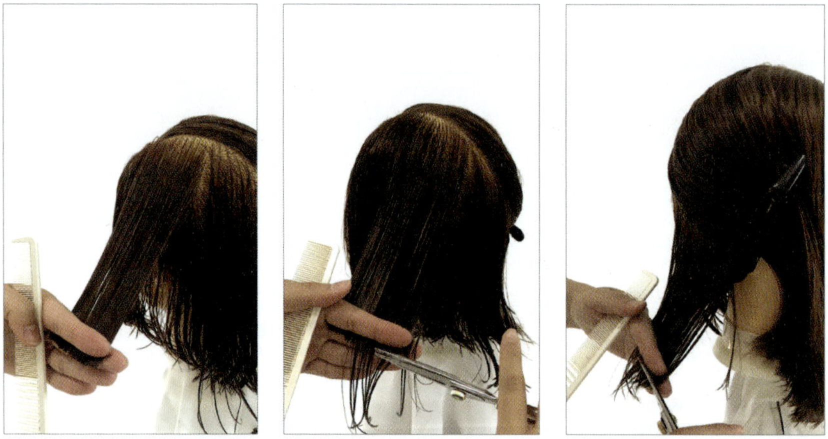

6. 위쪽으로 이동할 때 슬라이스 떠지는 섹션의 위치에 따라 백에서 섹션이 반대편 목옆선에 만나게 된다. 가이드 라인을 따라 45°를 유지하며 커트한다.

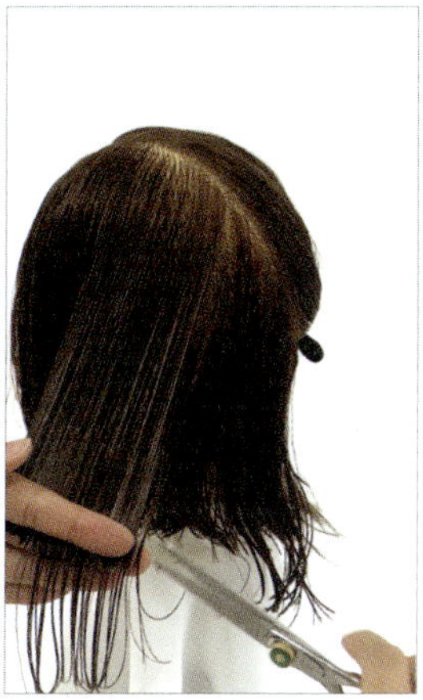
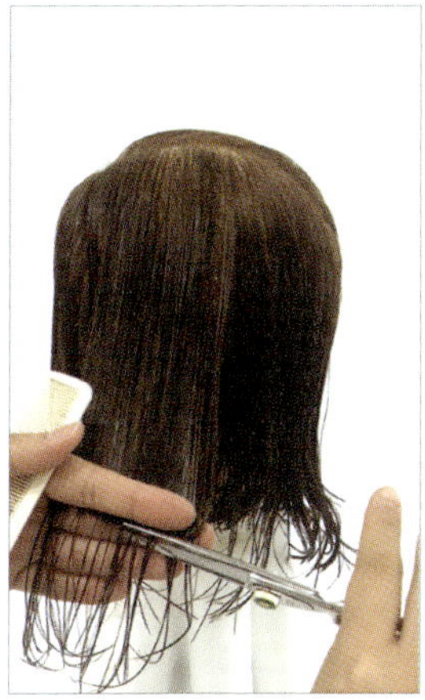

7. 다이애거널 백워드 섹션으로 계속해서 위쪽으로 진행하며 센터 파트(center part)에 도달했을 때는 텐션을 강하게 주지 않고 자연스럽게 잡고 커트한다.

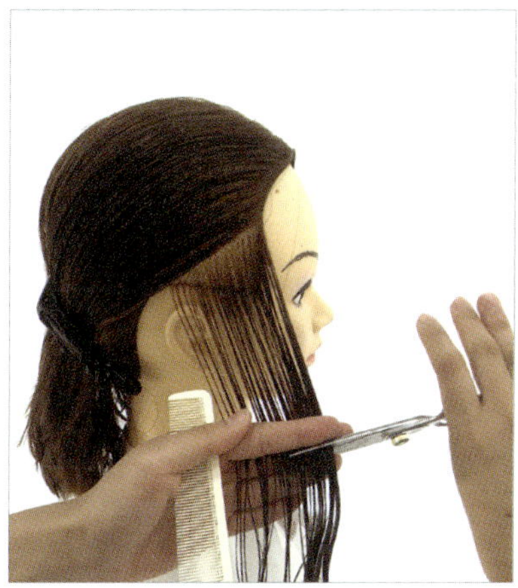

8. 반대편도 같은 방법으로 가이드 라인을 만든다. 이때 양쪽의 길이가 같도록 밸런스를 맞춘다.

9. 백까지 섹션이 이어지도록 가이드 라인을 만들어 커트한다.

10. 사이드에서 백으로 진행할 때 이미 시술했던 다이애거널 백워드 섹션(diagonal backward section)과 양쪽의 반대편에서 시술하는 다이애거널 백워드 섹션이 만나 교차되므로 두상의 모양과 같이 둥근 라운드 형태가 되도록 커트한다.

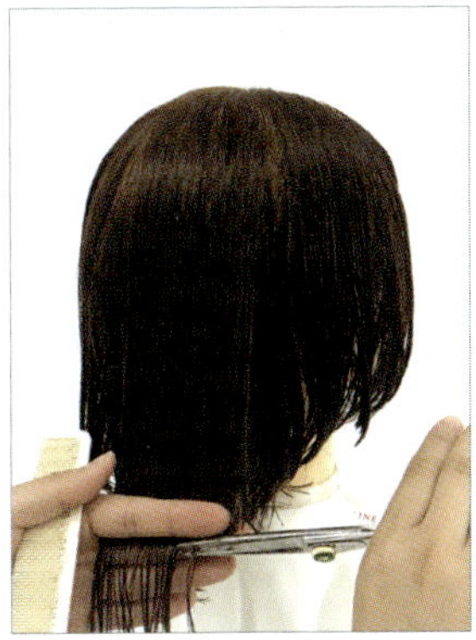

11. 계속해서 만들어진 가이드 라인을 따라 사이드에서 백으로 같은 각도를 유지하며 위쪽으로 갈수록 센터에서 앞머리가 짧아지지 않도록 주의한다. 톱 부분에서는 커트된 각도에 따라 형태선에 영향을 많이 미치므로 각도에 유의해서 커트한다.

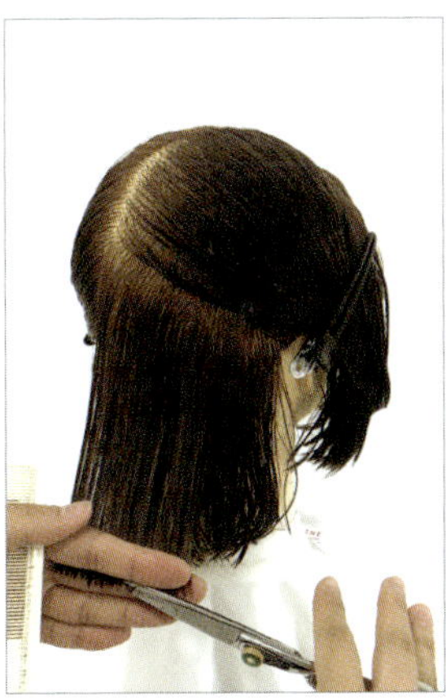

12. 컷을 완성한 후 두상을 수직으로 반을 나눈 후 다이애거널 백워드 섹션(diagonal backward section)의 반대 방향인 다이애거널 포워드 섹션(diagonal forward section)을 타서 양쪽을 크로스 체크한다.

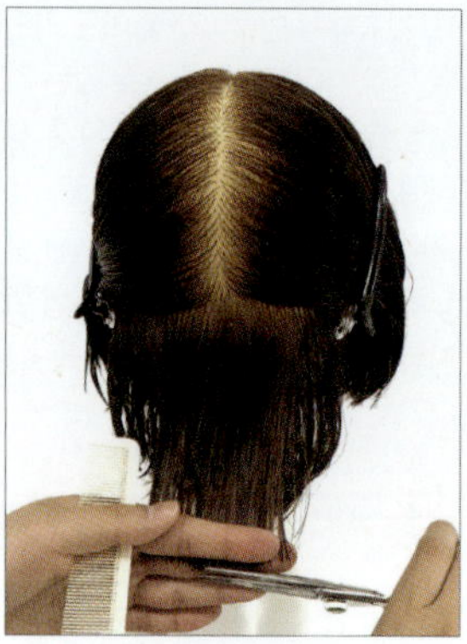

13. 전체 컷의 균형을 확인하기 위해서 호리존탈 섹션(horizontal section)을 이용하여 밸런스 체크하고 라인을 정리한다.

14. 버티컬 섹션(vertical section)을 이용하여 전체 그래쥬에이션의 층이 자연스럽게 이루어졌는지 체크 및 밸런스 체크하여 완성한다.

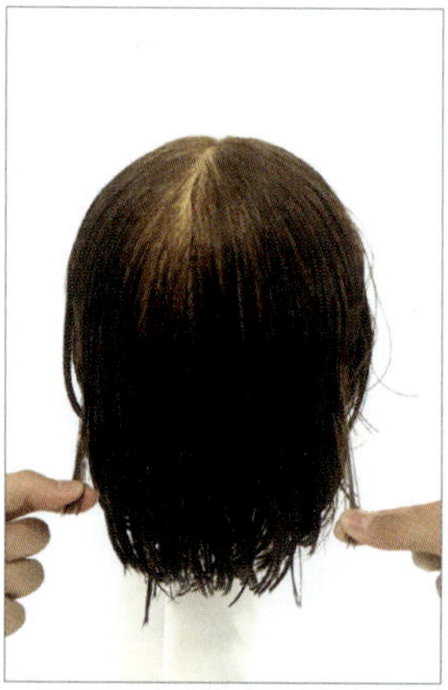

완성

스타일링 1

스타일링 2

스타일링 3

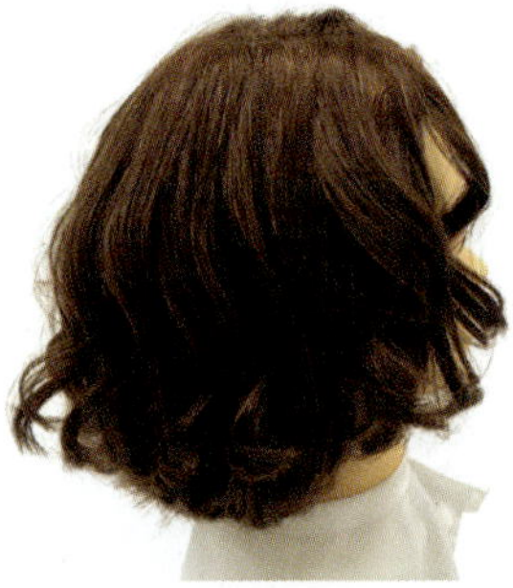

Key point

1. 라운드 그래쥬에이션(round graduation)은 두상의 형태를 따라 자연스러운 라운드 라인의 그래쥬에이션이 만들어져야 하므로 사이드보다 백으로 갈수록 가이드 라인의 길이를 짧게 잡는다.

2. 한쪽의 라운드 그래쥬에이션을 모두 시술한 후 반대편을 시술할 때 생기는 길이의 오차가 걱정된다면 좌 · 우의 섹션을 한 섹션씩 같이 진행하여 좌 · 우의 비대칭을 방지하고 재시술 가능성을 줄일 수 있다.

3. 백(back)에서 양쪽의 다이애거널 백워드 섹션(diagonal backward section)이 겹치는 부분의 밸런스 체크를 한다.

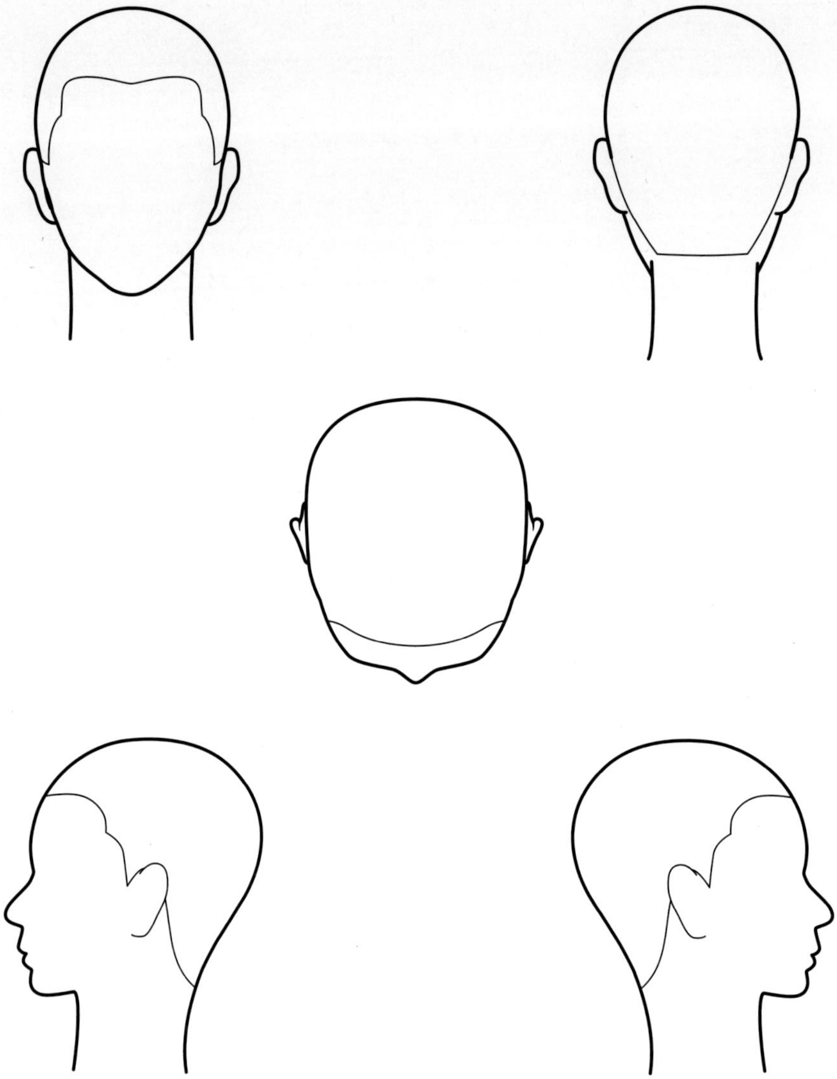

Notes

7. 숏 그래쥬에이션(Short Graduation)

숏 그래쥬에이션은 사이드를 호리존탈 섹션으로 커트하고 백은 다이애거널 백워드 섹션을 이용하여 커트하는 디자인으로 두 가지의 섹션을 이용한 디자인 라인이 특징이다. 사이드의 층이 백보다 상대적으로 적어 다소 무거운 느낌을 들게 만들며 긴 얼굴형이나 턱이 뾰족한 얼굴형, 볼에 살이 없는 사람에게 적합한 디자인이다. 단정한 이미지의 디자인으로 사이드의 질감 처리를 통하여 다른 느낌의 디자인을 완성시킬 수 있다.

1) 구조

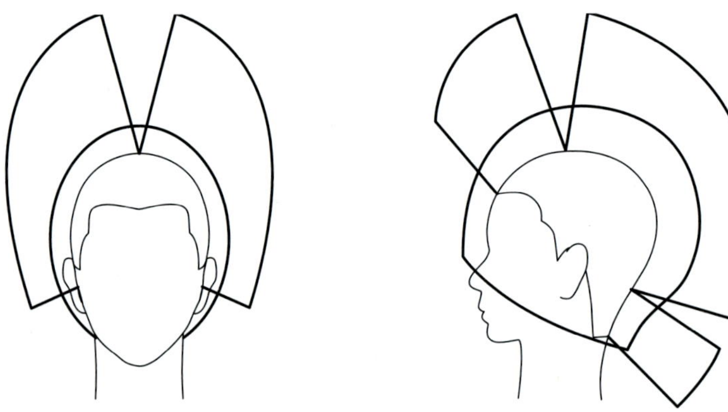

2) 섹션

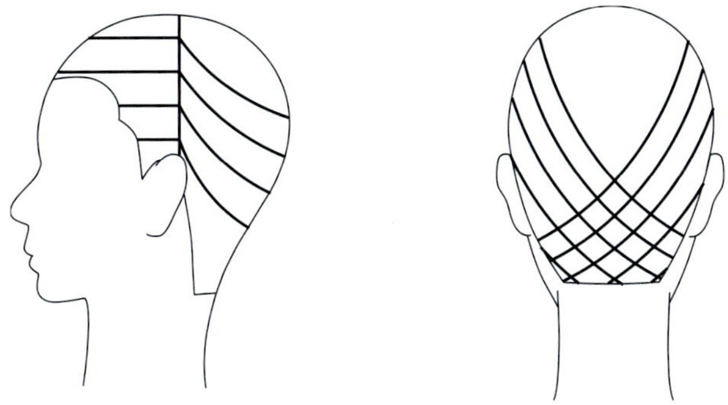

3) 테크닉

❶ 섹션 : 사이드(side) - 호리존탈 섹션(horizontal section)
백(back) - 다이애거널 백워드 섹션(diagonal back ward section)

❷ 빗질 : 직각분배

❸ 각도 : 45°

❹ 컷 : 블런트 컷(blunt cut)

❺ 베이스 : 오프 더 베이스(off the base)

시술 과정(processing)

시술 전

1. 이어 백 포인트(ear back point)를 중심으로 이어 투 이어 섹션(ear to ear section)을 탄다.

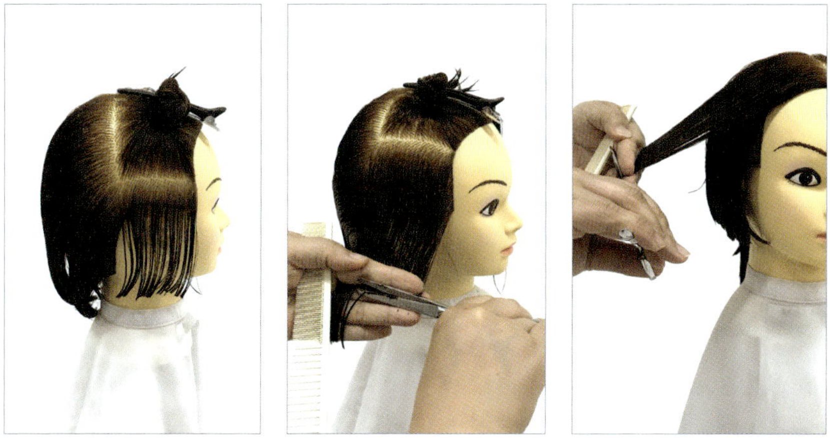

2. 호리존탈 섹션(Horizontal section)을 이용하여 가로로 섹션을 나누고 얼굴형에 맞게 길이를 설정한다. 가이드 라인의 각도는 45° 정도의 미디움 각도를 이용한다.

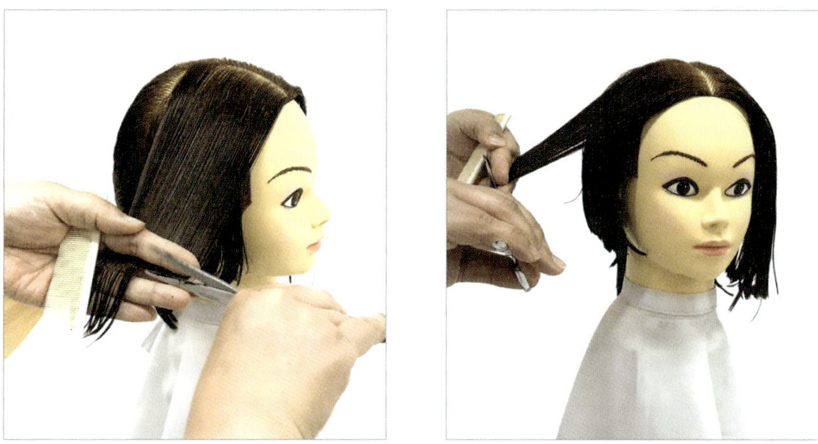

3. 계속해서 호리존탈 섹션으로 45° 각도를 유지하며 위쪽으로 진행하고 톱에서 페이스 라인 쪽의 모발이 자연스럽게 떨어지게 수평으로 커트한다.

4. 수평 커트 후 버티컬 섹션(vertical section)을 이용하여 커트라인을 체크하고 수정한다.

5. 사이드(side)의 첫 번째 호리존탈 섹션의 끝에서부터 뒤쪽으로 기울어지는 다이애거널 백 섹션(diagonal back section)을 탄다. 이때 수직의 딱딱한 느낌의 후대각보다 두상을 타고 가는 자연스러운 라인의 후대각을 만든다.

6. 사이드의 길이를 시작으로 후두부의 아래쪽으로 내려갈수록 길이가 짧아지는 그래쥬에이션 라인으로 커트한다.

7. 빗질은 섹션에서 90°의 'T'자가 되도록 빗어준 후 위쪽으로 진행하면서 45°의 각도를 유지한다.

8. 후두부의 섹션 라인과 컷 라인이 두상의 곡면을 따라 자연스럽게 이어지게 커트한다.

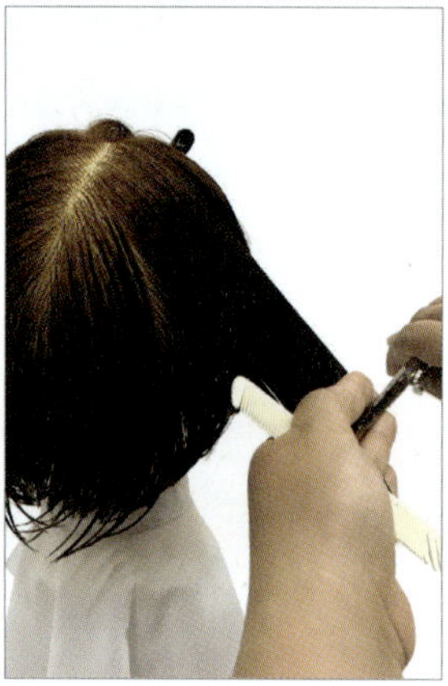

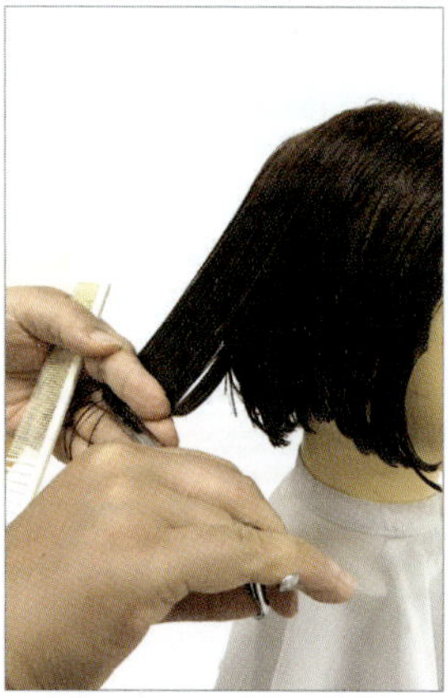

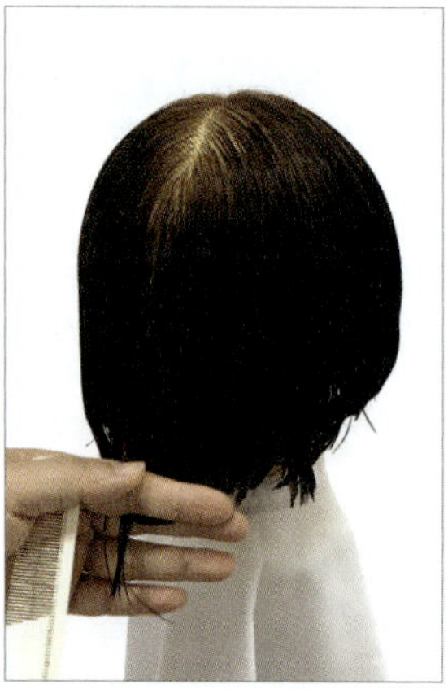

9. 크라운(crown) 부위에서는 모류의 흐름에 따라 모발이 갈라지므로 너무 많은 텐션이 들어가지 않도록 주의하고 두상 형태의 모발 흐름을 따라 빗어 커트한다.

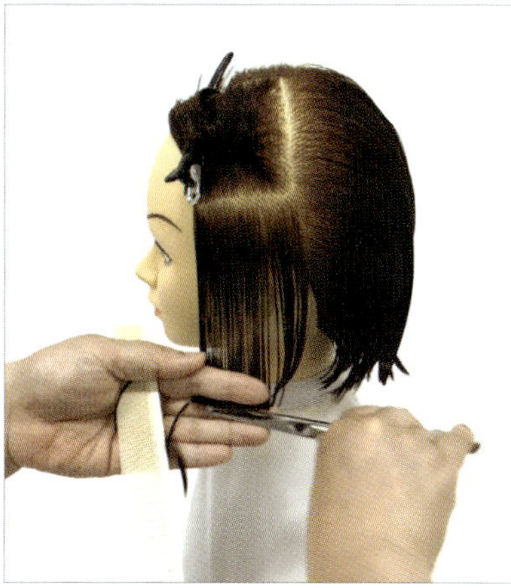

10. 반대쪽 사이드도 호리존탈 섹션을 이용하여 수평으로 첫 번째 섹션을 커트하고 양쪽 모발의 밸런스 체크를 하여 양쪽의 길이를 맞춘다.

11. 계속해서 호리존탈 섹션을 이용하여 45° 각도로 층을 만들면서 위쪽으로 진행한다.

12. 반대편 후두부와 마찬가지로 첫 번째 호리존탈 섹션이 끝나는 모발의 길이를 이용하여 다이애거널 백 섹션(diagonal back section)을 타고 후대각이 되도록 커트한다.

13. 다이애거널 백 섹션(diagonal back section)으로 후두부를 진행하다 보면 이미 반대편의 시술이 이루어진 부위와 겹쳐지는 부분이 있으므로 이 부분의 컷 라인과 만나는 선이 라운드 형태가 되는지 살펴보고 반대편에서 시술했던 부위와 같은 위치에서 모발 길이가 동일한지 체크한다.

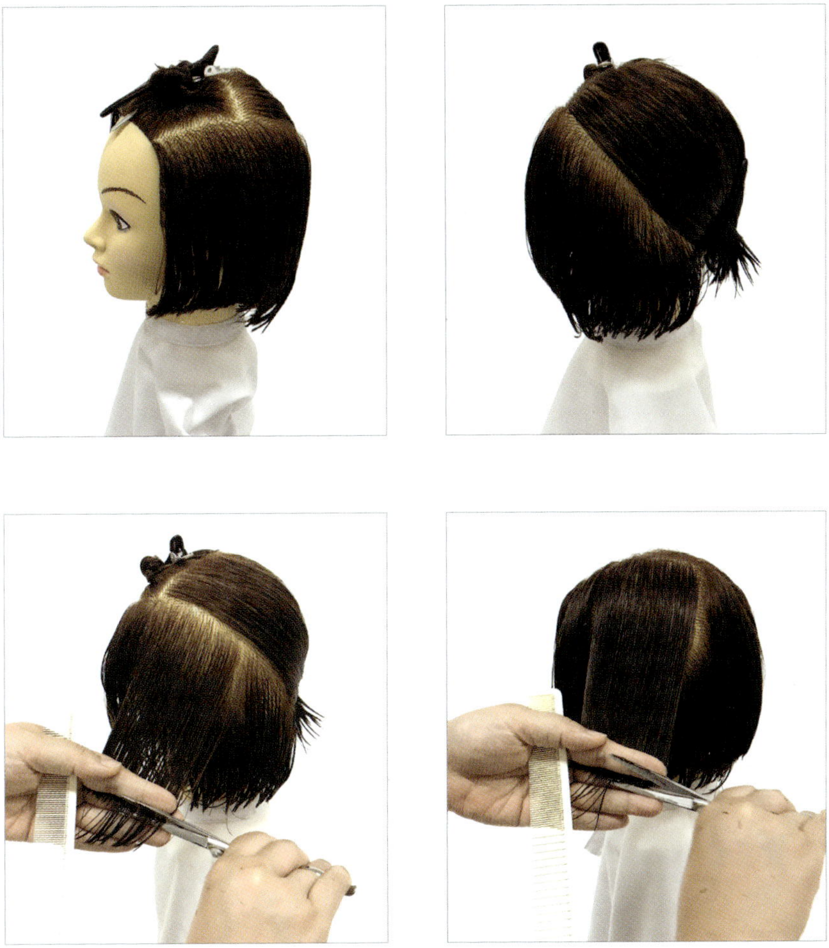

14. 계속해서 두상의 곡면을 따라 위쪽으로 진행하면서 전체적인 형태와 그래쥬에이션의 층을 만들면서 커트한다.

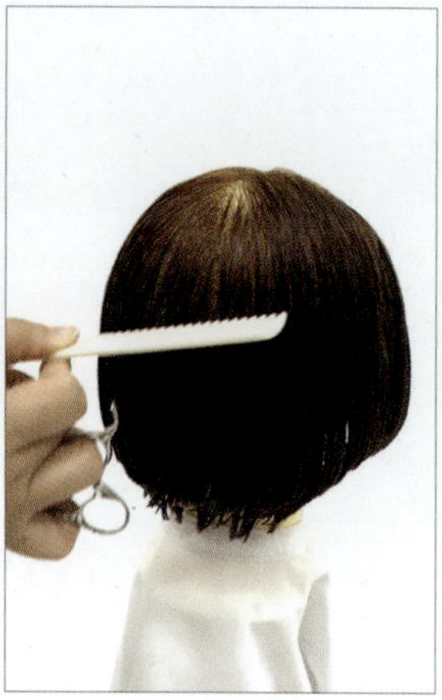
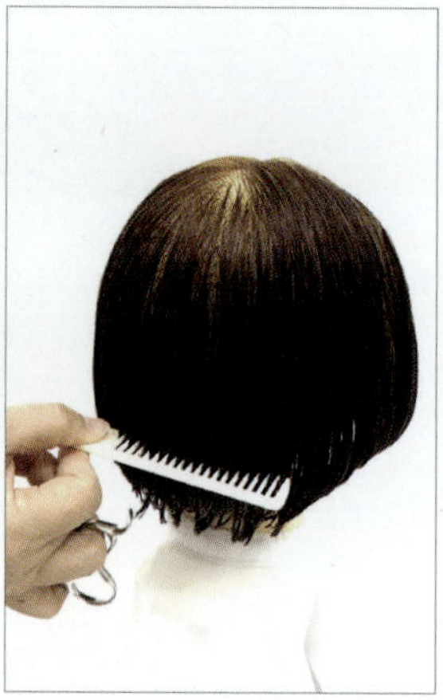

15. 톱과 크라운 부위에서는 모발의 흐름이 방사선 방향으로 흐르므로 빗을 세워 골든 백 미디움 포인트(G.B.M.P)까지 두상의 흐름에 맞게 모발을 보내준 후 골든 백 미디움 포인트(G.B.M.P) 아래의 모발을 연결시켜 빗어준다.

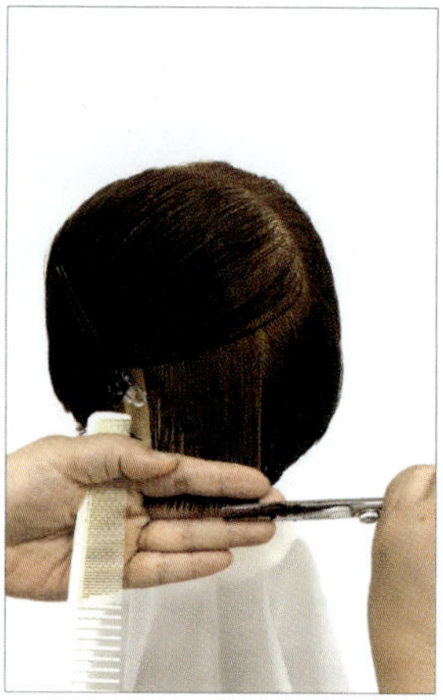

16. 그래쥬에이션의 층이 자연스럽게 형성되었는지 커트 라인과 반대 섹션인 다이애거널 포워드 섹션(diagonal forward section)과 버티컬 섹션(vertical section)을 이용하여 체크 커트한다.

17. 전두부의 모발을 위로 모아 양쪽의 밸런스 체크를 한다.

18. 센터포인트(C.P)의 모발을 앞쪽으로 당겨 삼각형으로 많이 튀어나온 모발을 정리하고 전체 라인을 정리하고 마무리한다.

완성

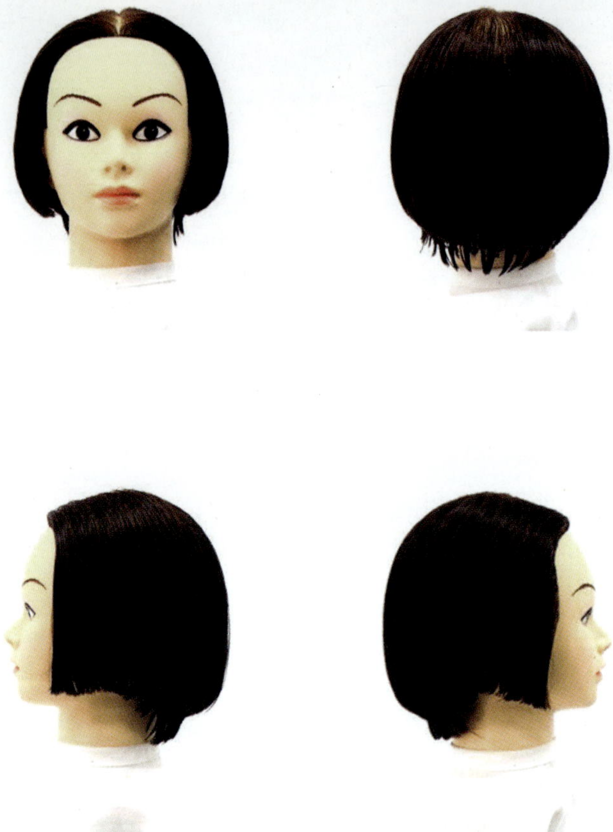

스타일링 1

스타일링 2

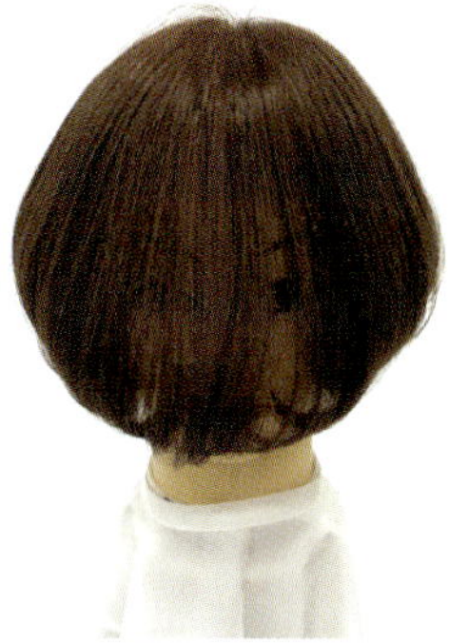

스타일링 3

Key point

1. 사이드(side)의 호리존탈 라인(horizontal line)과 백(back) 부분의 다이아고날 라인(diagonal line)이 자연스럽게 연결되도록 이어 포인트(E.P)에서 라인을 부드럽게 잡는다.

2. 백(back)에서는 부드럽게 연결되는 층을 만들기 위해서 45°의 각도를 일정하게 유지한다.

3. 크라운(crown) 부분에서는 모류의 영향을 많이 받으므로 모류의 방향대로 가이드 라인이 지면과 평행하게 판넬의 중간부터 빗질하여 정확한 위치 선정과 자세로 가이드 라인을 맞춘다.

Notes

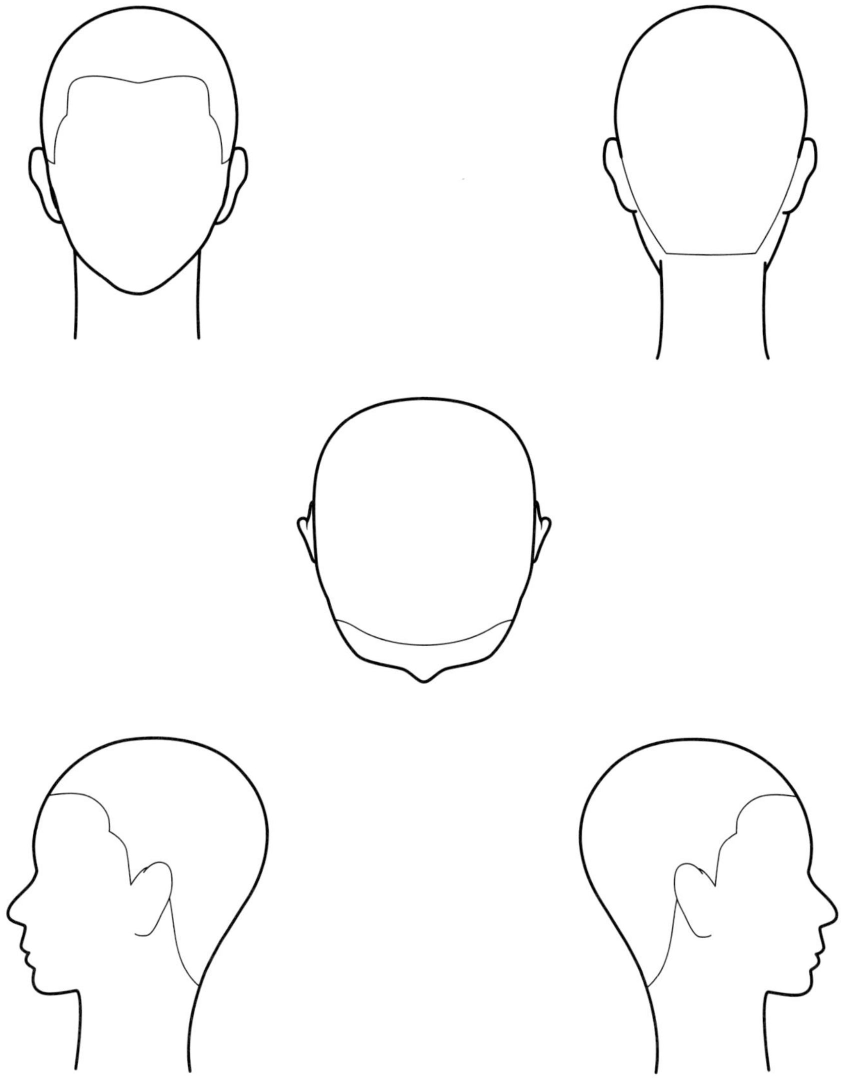

Chapter 6

레이어
(Layer)

1. 레이어의 개괄

2. 베이직 레이어(basic layer) Ⅰ

3. 베이직 레이어(basic layer) Ⅱ

4. 스퀘어 레이어(square layer)

5. 포워드 레이어(forward layer)

1.
레이어의 개괄

레이어 컷(layer cut)은 모발의 층이 겹겹이 쌓이는 형태로 무게감이 가장 작게 느껴지는 컷 형태이며 가볍고 활동성이 많은 컷이다. 두상의 위쪽으로 올라갈수록 모발의 길이가 짧아지고 아래로 내려올수록 길이가 길어진다. 무게감을 줄이는 특징이 있어 모량이 많은 사람의 부피를 줄일 수 있고 모발의 움직임과 질감 표현에 유리하며 헤어스타일의 응용 범위가 넓고 신속한 작업이 가능한 장점을 가지고 있다.

레이어 컷은 그래쥬에이션 컷과 마찬가지로 층이 난다는 특징이 있지만 그래쥬에이션 컷은 네이프(nape)의 길이보다 톱(top)쪽으로 올라갈수록 길이가 길어져 볼륨을 만들어 나가는 형태로 빌트 업(built up)의 특징을 가지며, 레이어 컷은 네이프(nape)의 길이보다 톱(top)쪽으로 올라갈수록 길이가 점점 짧아지거나 같아져 모발의 무게감이 약해지는 웨이트 아웃(weight out)의 특징을 갖는다.

레이어 컷은 각도에 따라 다른 느낌의 컷을 만들 수 있는데 공통적으로 여성스러우며 부드럽고 율동적인 느낌을 연출할 수 있다. 또한 시술각이 높아질수록 층의 범위가 넓어지며 가벼운 느낌을 연출하고 생동감을 돋보이게 할 수 있다.

레이어 컷의 종류는 크게 유니폼 레이어(uniform layer)와 인크리스 레이어(increase layer)로 나눌 수 있다. 유니폼 레이어는 전체 모발의 길이가 같고 시술각이 같아 붙여진 이름으로 베이직 레이어(basic layer), 라운드 레이어(round layer)라고도 하며 모든 컷의 각도가 90°에서 이루어져 전체 모발의 길이가 일정하며 한 곳에 볼륨이 생기는 무게선이 나타나지 않는다. 인크리스 레이어(increase layer)는 층이 점점 쌓여서 증가하는 컷으로 시술각을 자연 각도 90°이상을 사용하여 아래로 내려갈수록 모발의 길이가 길어지며 모든 컷 형태 중에서 가장 많은 층을 갖는다.

1) 구조(Structure)

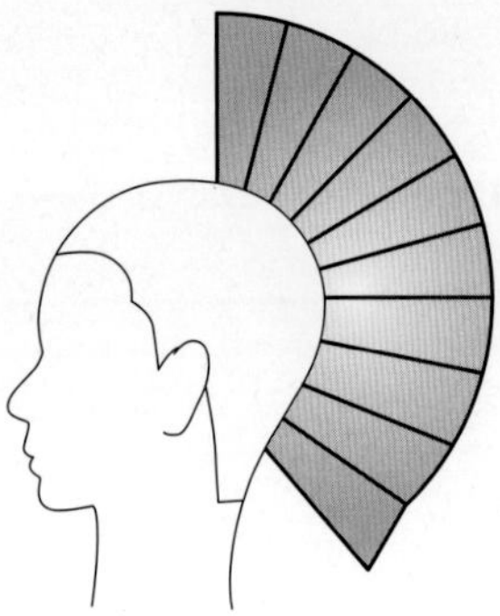

(1) 유니폼 레이어(uniform layer)

두상의 모양에 따른 라운드 형태로 두상 곡면의 연장선 형태를 띤다. 두상 위 모든 모발 길이가 같으며 모발의 길이를 짧게 커트했을 경우 아웃라인이 두상의 형태에 영향을 많이 받고 컷의 무게감이 최소가 된다. 반면 모발의 길이가 길어지면 두상의 영향을 덜 받는데, 이는 모발이 중력 방향으로 떨어지기 때문에 모발의 길이를 길게 할수록 두상의 형태를 유지하기 힘들어지는 것이다. 또한 톱과 크라운의 모발은 짧은 컷 디자인에 비해 상대적으로 무게가 생긴다.

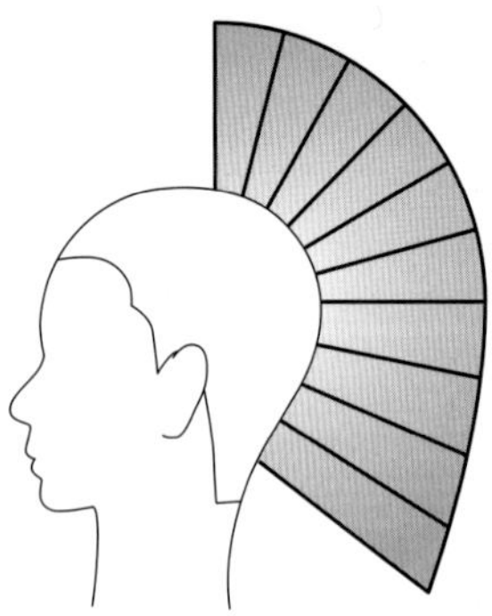

(2) 인크리스 레이어(increase layer)

두상의 위쪽인 톱(top)의 모발 길이는 짧고 아래쪽인 네이프(nape)의 모발 길이는 길어지는 형태를 띤다. 모발의 길이가 짧은 경우 긴 경우보다 상대적으로 곡선인 두상 모양에 영향을 많이 받아 톱(top) 부분에 볼륨이 많이 생기고 다양한 모양의 연출이 가능하고 자연스러운 단차로 연결된다.

2) 섹션(Section)

레이어 컷(layer cut)에서는 호리존탈, 버티컬, 다이애거널의 섹션이 모두 사용 가능하다. 두상의 곡선에 따른 단차를 형성할 때에는 호리존탈 섹션, 높은 각도를 사용하는 디자인과 각도의 변화를 많이 사용하는 디자인에서는 버티컬 섹션, 방향의 변화에 따라 다양한 라인을 구사할 때에는 다이애거널 섹션을 사용하면 특징에 따라 수월한 작업을 진행할 수 있다.

특히 레이어 컷에서는 버티컬 섹션이 많이 사용되는데 이는 다양한 시술각을 잘 표현할 수 있으며 빠르게 작업할 수 있는 장점 때문이다. 다이애거널 섹션은 부드러운 층의 연결에 주로 사용하며 체크 버티컬 섹션으로 작업 후 호리존탈이나 다이아고날 섹션으로 크로스 체크를 하면 자연스러운 아웃라인을 표현할 수 있다.

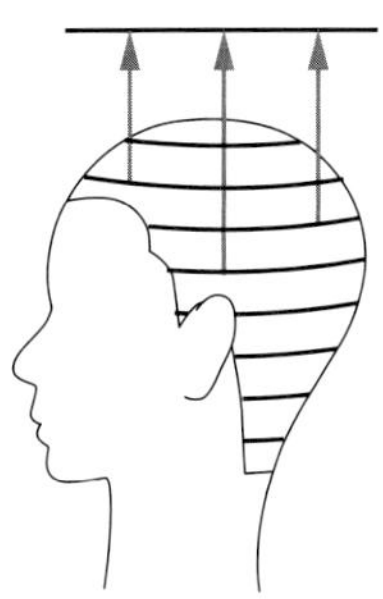

(1) 호리존탈 섹션을 이용한 레이어 컷

수평선을 이용하여 고정 디자인 라인을 설정한 후 한 지점으로 모아 자르는 내추럴 인버전 테크닉을 시행하면 두상의 곡면 부분에서 가장 위쪽에 위치한 톱(top)의 길이가 가장 짧고 멀리 끌려 올라와야 하는 사이드와 후두부의 모발이 길어지는 형태를 띤다.

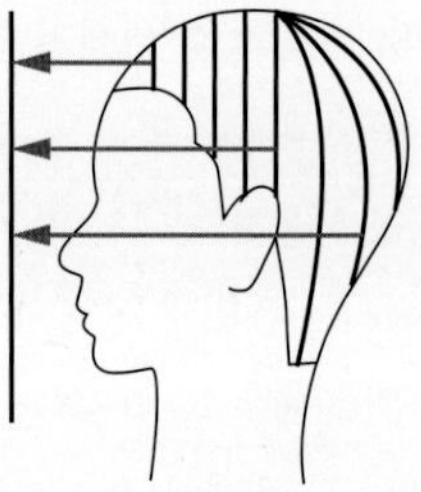

(2) 버티컬 섹션을 이용한 레이어 컷

정중선을 중심으로 내추럴 인버전 테크닉을 시행하면 정중선에서 가장 가까운 곳인 센터의 길이가 가장 짧고 백 포인트와 같이 두상의 곡면이 있는 후두부로 갈수록 모발의 길이가 길어진다.

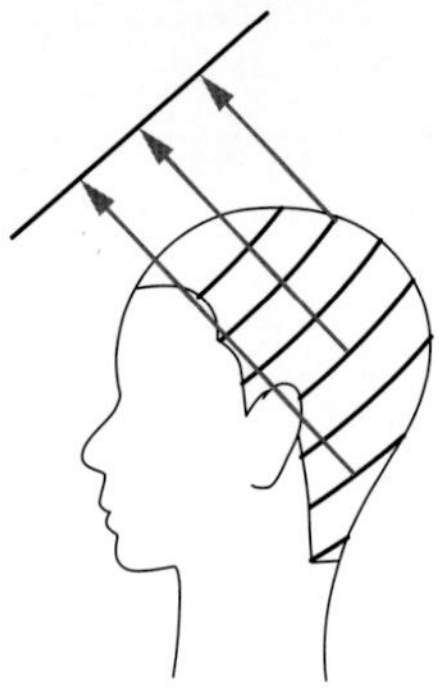

(3) 다이애거널 섹션을 이용한 레이어 컷

다이애거널 포워드 섹션을 이용하여 내추럴 인버전 컷을 했을 경우 호리존탈 섹션을 이용한 경우보다 디자인의 단차가 많고 네이프의 모발이 더 길어진다.

3) 각도(Angle)

레이어 컷(layer cut)의 각도는 일반 각도를 기준으로 90° 이상의 각도를 사용하여 디자인에 레이어링이 많은 단차를 만든다. 유니폼 레이어 컷(uniform layer cut)은 두상의 모든 포인트에서 두상의 각도 90°를 사용한다. 인크리스 레이어 컷(increase layer cut)은 두상의 각도 90° 이상을 사용하여 커트한다.

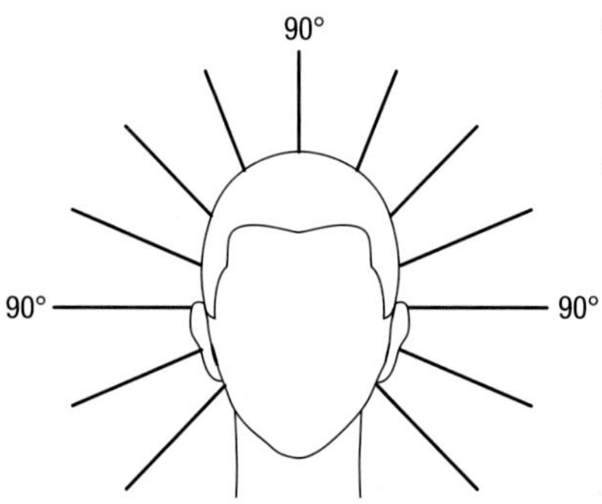

4) 질감(Texture)

레이어 컷은 다른 형태의 컷보다 상대적으로 층이 많은 디자인으로 가볍고 움직임이 많아 활동적인 이미지를 만들 수 있다. 하나의 선에 전체 모발의 길이가 모이는 원랭스 컷(one length cut)의 경우보다 커트된 모발 길의 끝이 모두 바깥으로 보이므로 상대적으로 거친 느낌을 준다.

레이어 컷은 스트레이트(straight), 웨이비(wavy), 컬리(curly) 등의 모발에 다양하게 응용될 수 있고 모발의 종류에 따라 질감은 다르게 나타난다. 웨이비(wavy)와 컬리(curly)와 같이 모발에 웨이브(wave)가 있는 경우 같은 길이와 형태의 컷이라도 스트레이트(straight) 모발보다 레이어 컷의 질감이 거칠게 보인다. 또한 웨이브(wave)가 있는 모발은 볼륨(volume)감이 증가되어 보이고 톱(top), 크라운(crown), 사이드(side)의 볼륨이 두상의 영향으로 상대적으로 증가한다.

5) 레이어 컷 시술 시 주의사항

❶ 레이어 컷은 가이드 라인을 신중히 설정하고 베이스를 정확히 사용하여 커트한다. 베이스가 틀어지거나 두상에 대한 각도를 잘못 설정하였을 경우 처음 베이스보다 시술 후의 결과가 확연히 차이가 나게 된다.

❷ 레이어 컷은 모발의 움직임이 자유롭고 가벼운 것이 특징이지만 이를 위하여 과도한 질감 처리를 자제해야 한다. 특히 아웃라인에 영향을 줄 수 있는 목옆과 목 뒷선, 모류의 흐름이 결정되는 크라운 부위의 모량이 적당히 유지되도록 한다.

❸ 빗질은 모근에서부터 수직으로 팽팽히 빗어 베이스 안에서 모발이 한쪽으로 쏠리지 않도록 한다.

❹ 레이어 컷 시술 시 커트하는 판넬의 굵기를 너무 굵게 잡을 경우 가이드 라인이 정확히 보이지 않으므로 슬라이스의 양을 적당히 조절한다.

2. 베이직 레이어(Basic Layer) I

베이직 레이어(basic layer)는 유니폼 레이어(uniform layer), 라운드 레이어(round layer)라고도 하며 모든 컷의 각도가 90°에서 이루어져 전체 모발의 길이가 같은 길이를 유지한다. 두상의 형태에 영향을 많이 받으며 톱(top)과 크라운(crown) 등에 볼륨이 네이프(nape)보다 상대적으로 많고 전체 모발에 단차를 주므로 무게선을 가지지 않아 산뜻하고 가벼운 느낌의 컷을 형성한다.

숏에서 롱 스타일까지 다양한 길이에 응용될 수 있으며, 길이에 따라 다른 느낌의 헤어스타일을 만들 수 있다.

1) 구조

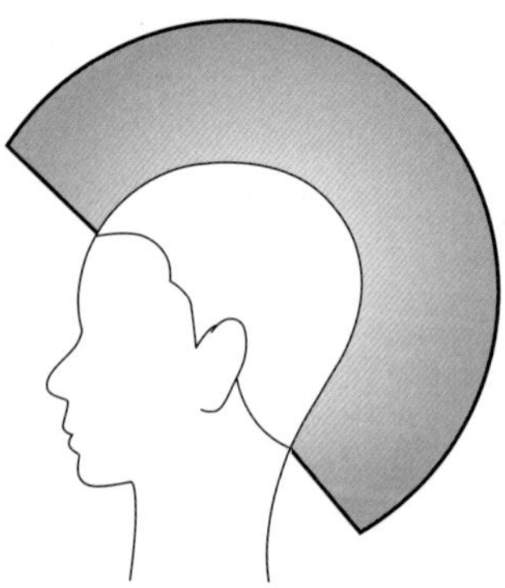

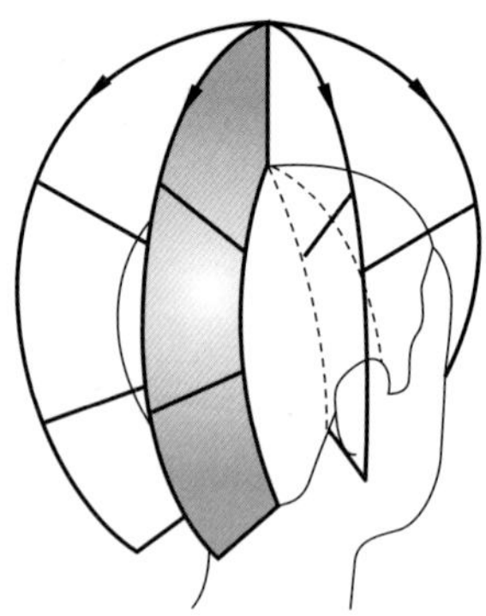

2) 섹션

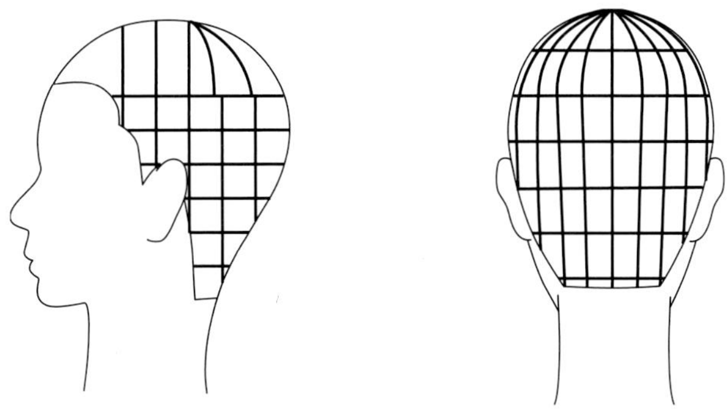

3) 테크닉

❶ 섹션 : 버티컬 섹션(vertical section)

❷ 빗질 : 90° 각도 T자 빗질

❸ 각도 : 90°

❹ 컷 : 블런트 컷(blunt cut)

❺ 베이스 : 온 더 베이스(on the base)

시술 과정(processing)

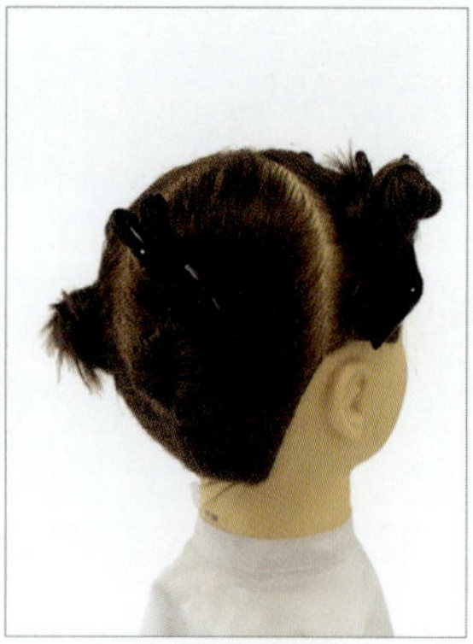

1. 물 스프레이(spray)로 모발을 적신 후 센터(center)에서 네이프(nape)까지 중 백 센터(back center)를 탄다. 톱(top)에서 이어 포인트(ear point)까지를 연결하여 4등분 블로킹을 탄다.

2. 정중앙선을 중심으로 좌우 1.5cm씩 너비 3cm로 세로 섹션을 나누고 두상에 의한 각도 90°를 유지하며 설정된 가이드 라인의 길이를 결정하여 온 더 베이스(on the base)로 커트한다.

3. 톱 포인트(T.P)에서 방사선 섹션으로 나누고 두상 시술각도 약 90°, 온 더 베이스 기법으로 커트한다.

4. 사이드 커트 시 이어 포인트(E.P)의 모발을 가이드로 하여 두상 시술각도 약 90°, 온 더 베이스 기법으로 커트한다.

5. 베이직 레이어(basic layer)는 전체 모발의 길이가 두상의 포인트와 위치에 관계없이 같은 길이를 유지해야 하므로 가이드 라인부터 전체 길이를 체크하여 길이가 달라지지 않도록 유의하며 전체 아웃라인을 정리한다.

완성

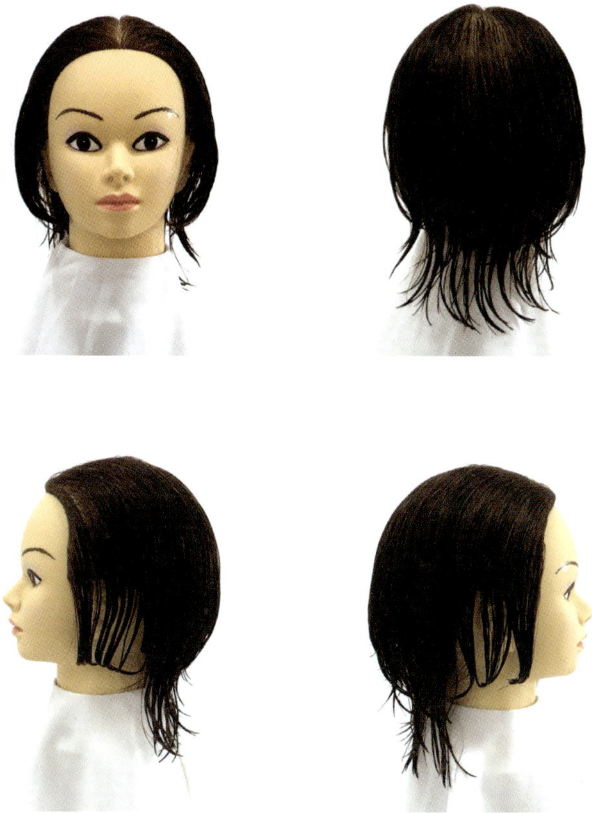

스타일링 1

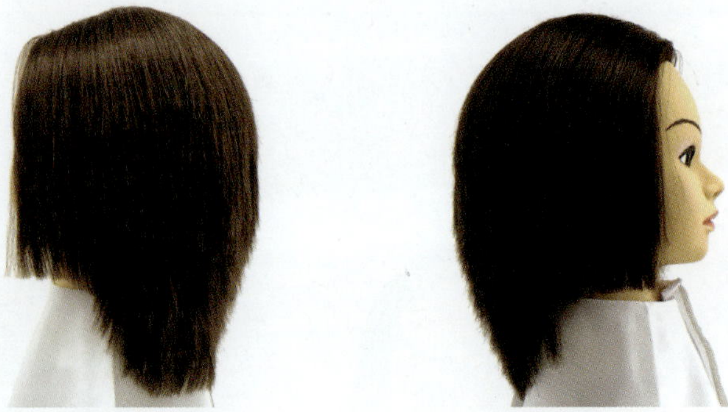

스타일링 2

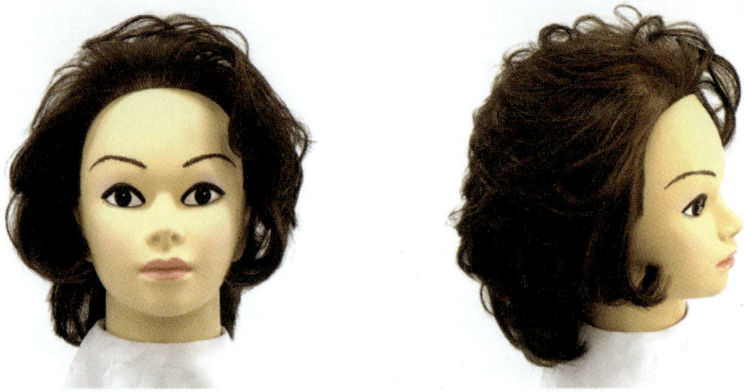

스타일링 3

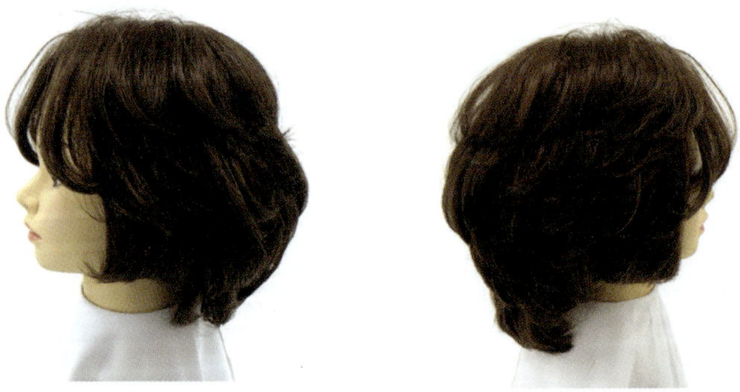

Key point

1. 판넬을 잡는 방법은 작업자의 위치에 따라 달라지는데 두상의 곡면을 따라 손등이 보이게 잡는 방법은 인테리어 지역인 상단부를 잡는데 용이하고 손바닥이 보이게 잡는 방법은 익스테리어인 하단부를 잡는데 용이하므로 작업자의 위치를 고려하여 판넬을 잡는다.

2. 베이직 레이어(basic layer)는 90°의 같은 각도, 두상 어느 부위를 체크해도 같은 길이가 나와야 하므로 시술 후 전체의 길이와 아웃라인을 체크한다.

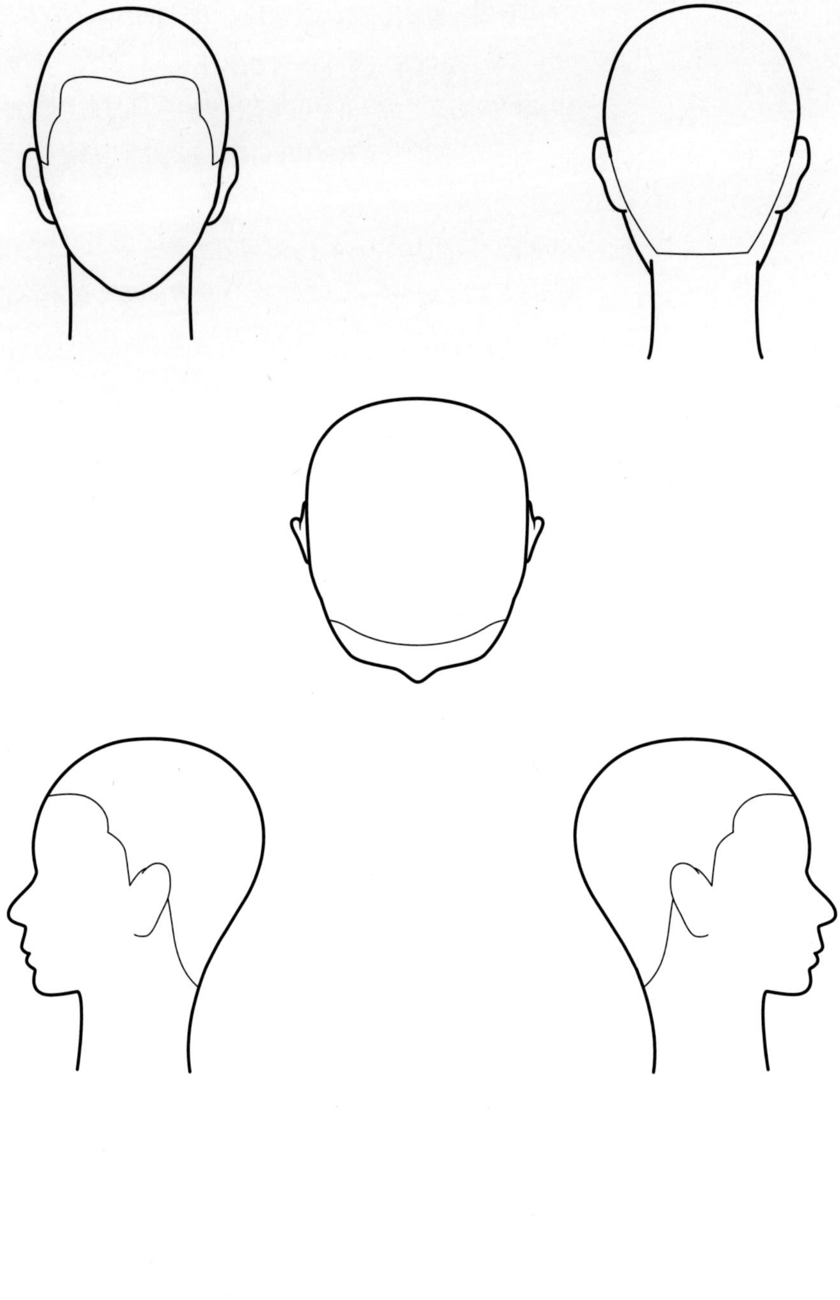

Notes

3. 베이직 레이어(Basic Layer) II

베이직 레이어(basic layer)는 모든 커트가 90°로 이루어져 두상의 어디에서 체크해도 동일한 모발의 길이를 유지한다. 두상의 형태에 영향을 많이 받으며 산뜻한 느낌의 컷을 형성한다.

골든 포인트(G.P)를 꼭짓점으로 해서 두상 전체에 피봇 라디얼 섹션(pivot radial section)을 이용하여 커트하므로 두상의 곡면에 영향을 많이 받아 두상의 곡면이 많은 부위인 크라운 부위보다 네이프 부위가 커트선이 가볍게 떨어진다. 센터 포인트(C.P)에서 네이프까지 가이드 라인을 나누고 후두부부터 시술을 시작하여 사이드로 이어지는 가벼운 커트 스타일이다.

1) 구조

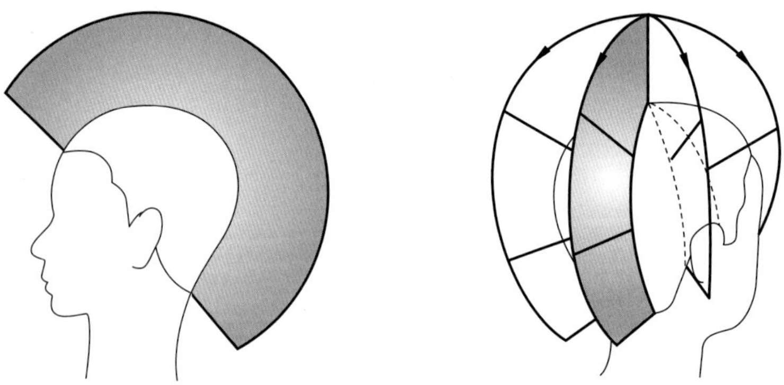

2) 섹션

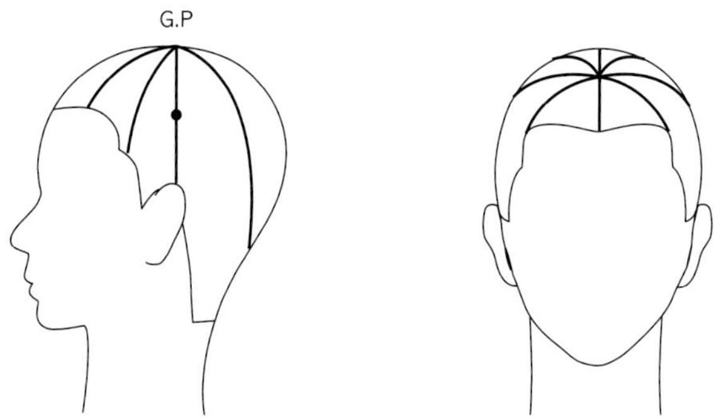

3) 테크닉

❶ 섹션 : 피봇 라디얼 섹션(pivot radial section)

❷ 빗질 : 90° 각도 T자 빗질

❸ 각도 : 90°

❹ 컷 : 블런트 컷(blunt cut)

❺ 베이스 : 온 더 베이스(on the base)

시술 과정(processing)

시술 전

1. 센터에서 양쪽으로 1.5~2cm의 넓이로 톱(top)을 지나 네이프(nape)까지 중앙의 가이드 라인을 만들 섹션을 탄다.

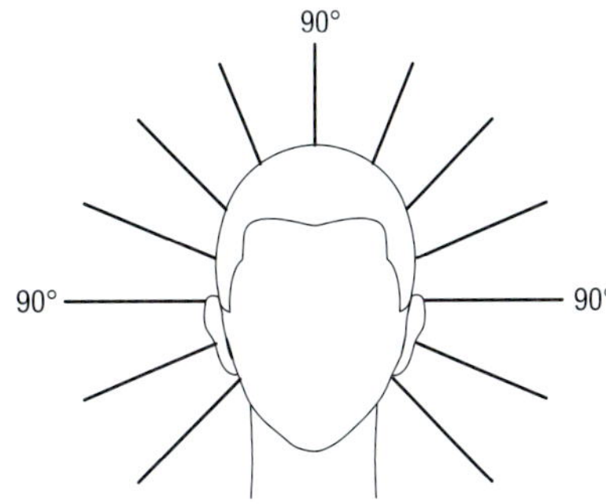

2. 고개를 똑바로 들고 프론트 헤어라인(front hair line)에서부터 두상에 의한 각도 90°를 유지하며 설정된 가이드 라인의 길이를 결정하여 온 더 베이스(on the base)로 커트한다.

3. 프론트(front)에서 설정된 가이드 라인을 따라 90°를 유지하며 크라운(crown)에서 커트하고 백(back)으로 내려간다.

4. 백(back)에서 네이프(nape)까지 계속해서 90°를 유지하며 커트한다. 이때 프론트(front)에서 설정된 가이드 라인이 네이프(nape)까지 같은 길이와 각도를 유지하여야 하며 두상의 곡선에 따라 가이드의 아웃라인이 라운드 모양의 라인이 설정되었는지 체크한다.

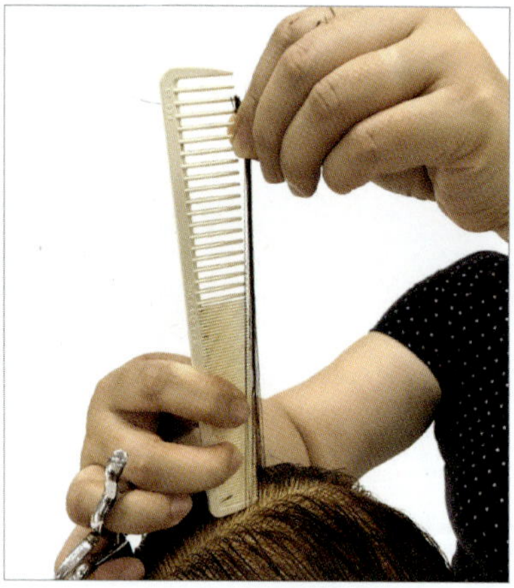

5. 베이직 레이어(basic layer)는 전체 모발의 길이가 두상의 포인트와 위치에 관계없이 같은 길이를 유지해야 하므로 가이드 라인부터 전체 길이를 체크하여 길이가 달라지지 않도록 유의한다.

6. 가이드 라인의 설정이 끝난 후 이어 투 이어(ere to ear)를 중심으로 전체 두상을 4등분한다.

7. 1/4로 등분된 후두부의 블록을 피봇 라디얼 섹션(pivot radial section)을 이용하여 방사선 형태로 섹션을 나누어 간다.

8. 후두부의 백 센터(back center)에서부터 가이드 라인을 따라 90°가 되게 커트한 후 계속해서 우측으로 이동하여 시술한다.

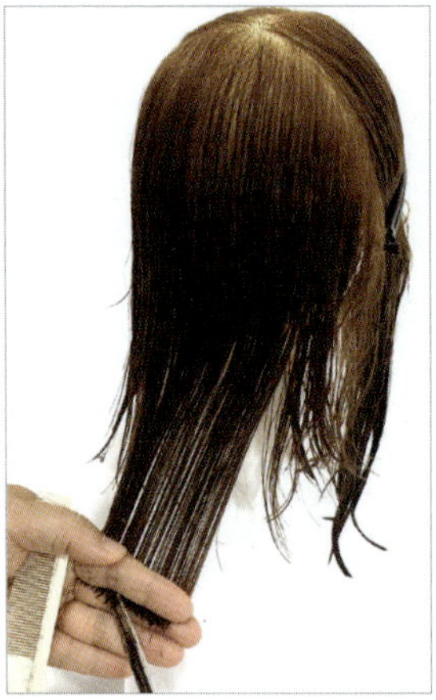

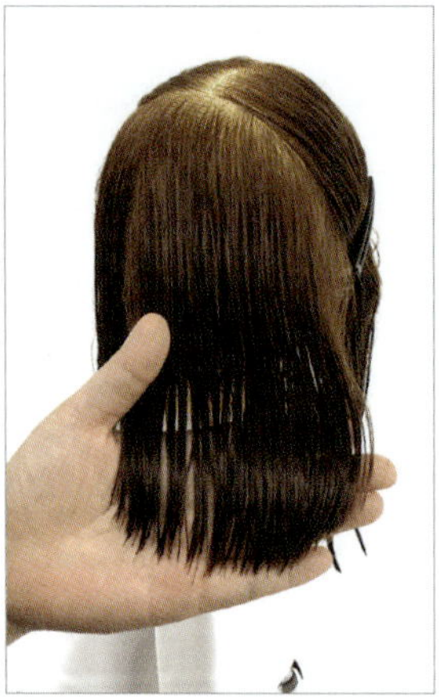

9. 1/4 등분의 컷을 한 후 컷의 아웃라인이 가로로 둥근 라운드 라인이 나왔는지 크로스 체크한다. 블록의 라인이 불규칙할 경우 나칭 컷(notching cut)을 이용하여 라인을 정리한다.

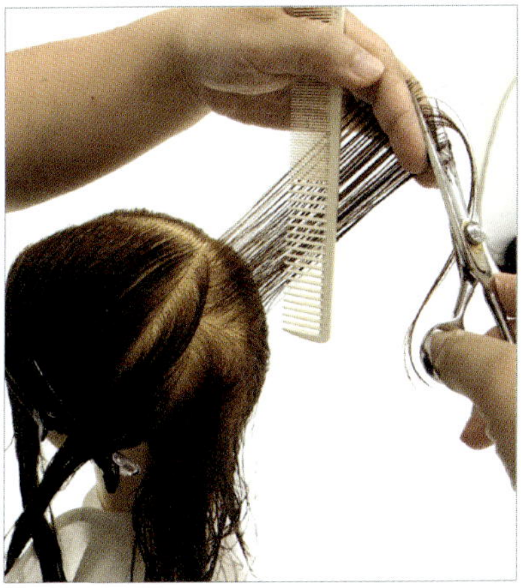

10. 반대편도 각도에 유의하여 같은 방법으로 커트한다.

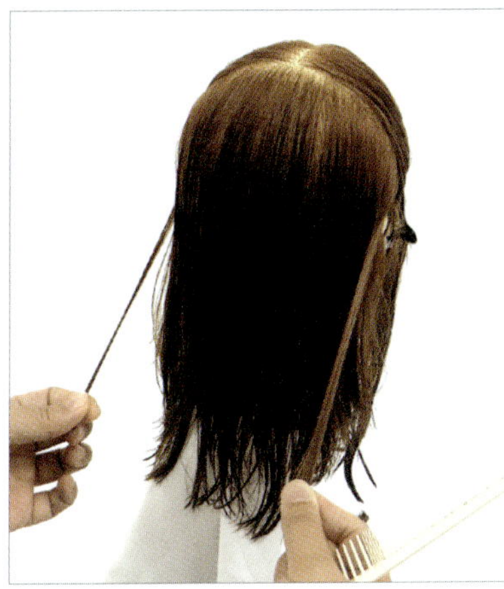

11. 후두부의 시술이 끝나면 전체 모발을 아래로 빗어 아웃라인의 형태가 라운드인지 체크하고 양쪽의 길이가 같은지 밸런스 체크한다.

12. 사이드(side)와 프론트(front)를 잇는 블록도 피봇 라디얼 섹션(pivot radial section)을 이용하여 방사선 형태로 섹션을 떠나간다.

13. 사이드(side)에서는 후두부에서 시술한 컷 라인을 가이드 라인으로 가져와 90°로 컷하고 계속해서 같은 각도를 유지하며 톱(top)으로 올라가며 커트한다. 이때 톱(top)으로 진행할수록 팔꿈치를 들어 손목이 꺾이지 않는 상태에서 시술한다. 팔꿈치를 들지 않고 내려진 상태에서 손가락만 올리면 각도가 처지는 경향이 있으므로 각도 유지에 주의한다.

14. 반대편도 90° 각도를 유지하며 두상의 위쪽에서 아래쪽으로 내려올 때 각도에 유의하며 커트한다.

15. 한쪽 사이드부터 시술하고 다른 쪽을 시술하였으므로 양쪽이 만나는 접점에서 길이가 맞는지 확인한다.

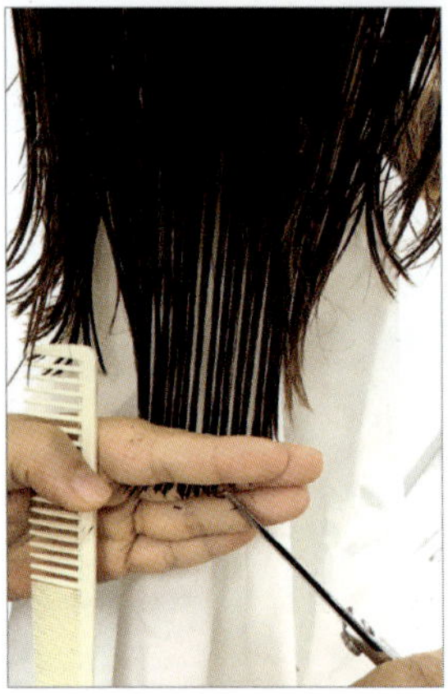

16. 전체 디자인된 컷이 두상의 모양과 같이 라운드가 되어야 하므로 크로스체크하여 모양과 밸런스가 맞는지 확인한 후 아웃라인을 정리한다.

완성

스타일링 1

스타일링 2

스타일링 3

Key point

1. 원랭스 컷(one length cut)을 할 때 두피에 대한 헤어의 각도는 0°이며 지표에 대한 커트 선의 각도 또한 0°이다. 손으로 모발을 잡을 때 판넬을 잡으면 손가락 하나가 들어가는 각도인 15° 만큼의 각도가 생기게 되고 텐션이 가해져 층이 생기게 되므로 고개를 살짝 숙여 그 층이 생기는 것을 방지해준다.

2. 빗질을 할 때 백 포인트(B.P) 밑은 고운 빗살로, 백 포인트(B.P) 위는 성근 빗살로 빗질한다. 이는 빗살의 간격에 따라 텐션의 정도가 달라지기 때문이다. 모발의 양이 적은 백 포인트 밑은 고운살로 빗어 가이드 라인을 정확히 만들고 모발의 양이 많아지는 백 포인트 위는 성근살로 빗어 커트하게 되면 모발이 당겨져 시술 후 층이 생기는 것을 방지할 수 있다.

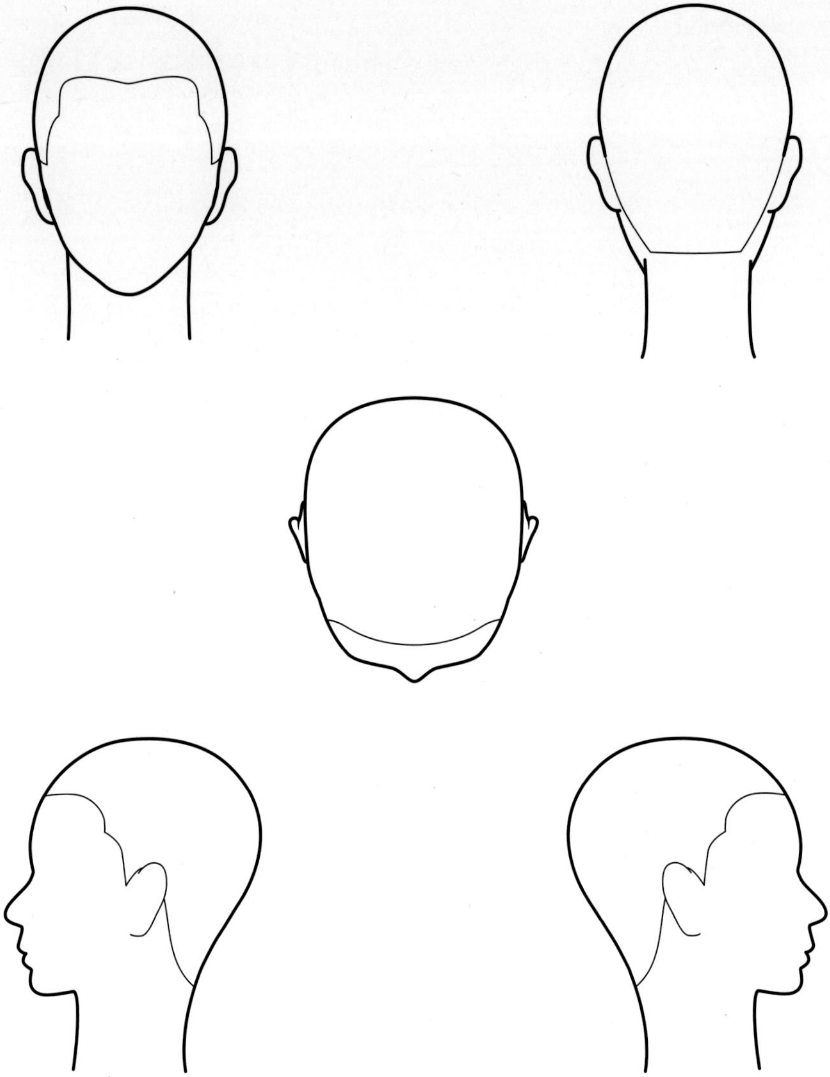

Notes

4. 스퀘어 레이어(Square Layer)

스퀘어 레이어 컷은 미디움 길이의 모발을 기본으로 해서 톱(top)과 네이프(nape)의 길이 차가 많은 인크리스 레이어 스타일(increase layer style)이다. 스퀘어 레이어는 아웃라인의 길이 설정 후 후두부의 레이어링 포인트(layering point)에 따라 층의 넓이를 조절할 수 있으므로 컷 디자인에 따른 층의 시술로 내부의 질감 형성에 용이하고 스타일링을 통해 다양한 연출이 가능하다.

1) 구조

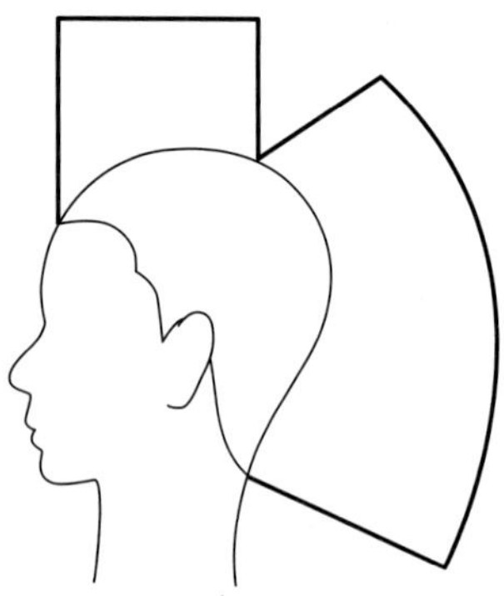

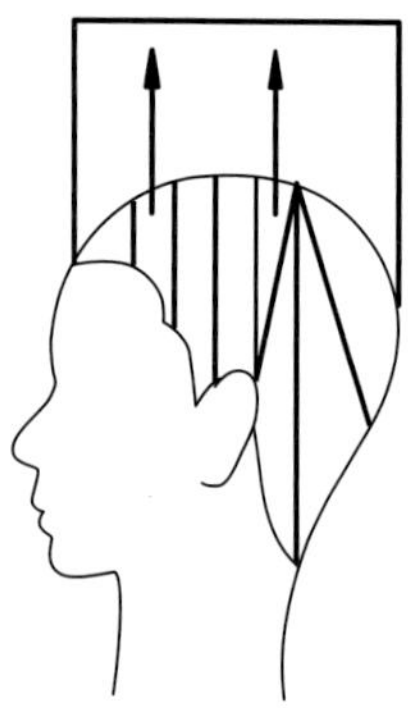

2) 섹션

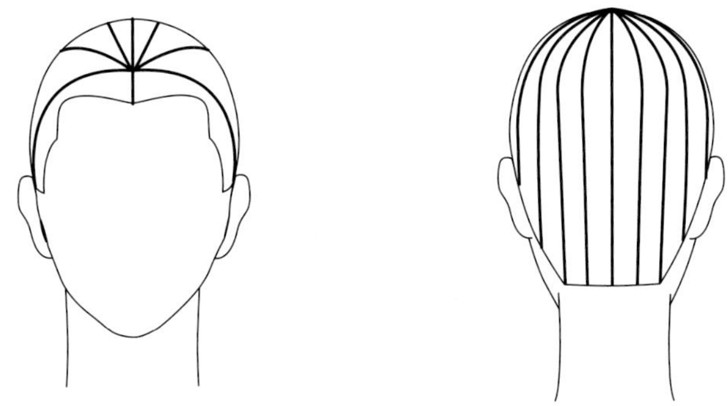

3) 테크닉

❶ 섹션 : 백(back) - 피봇 라디얼 섹션(pivot radial section)

　　　톱(top) - 호리존탈 섹션(horizontal section)

❷ 빗질 : 90° - 오버 디렉티드(over directed)

❸ 각도 : 90° - 오버 디렉티드(over directed)

❹ 컷 : 블런트, 스퀘어 라인(square line)

시술 과정(processing)

1. 스퀘어 레이어 시술 전 수평 원랭스 컷(horizontal one length cut)과 포워드 레이어(forward layer)를 베이스 컷(base cut)으로 시술해둔다.

2. 페이스라인(face line)에서부터 네이프(nape)까지 센터(center)를 중심으로 폭이 약 1.5cm~2cm 정도의 섹션을 탄다.

3. 고개를 바로 세운 상태에서 센터(center)에서부터 크라운(crown)까지 수직이 되게 모발을 빗어올려 스퀘어 라인(square line)으로 커트한다.

4. 크라운(crown)에서 네이프(nape)까지의 모발을 모두 이전에 커트한 스퀘어 라인(square line)의 연장선까지 들어 올려 가이드 라인을 완성한다.

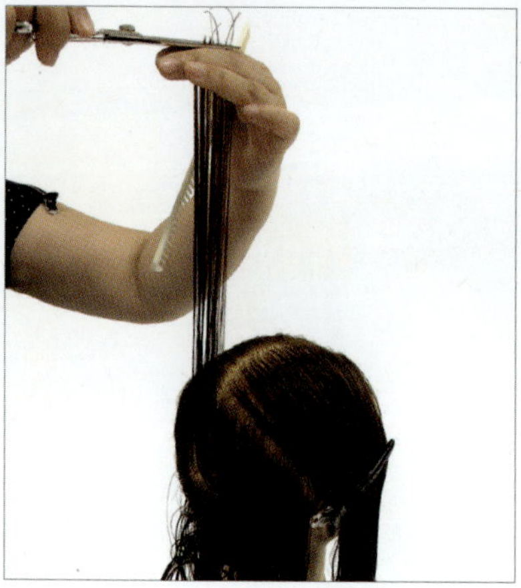

5. 4등분한 후 후두부를 2등분하여 피봇 라디얼 섹션(pivot radial section)을 이용하여 방사선 섹션을 탄다. 가이드 라인을 따라 모발을 수평으로 90°로 들고 오버 디렉션(over direction)시켜 커트한다.

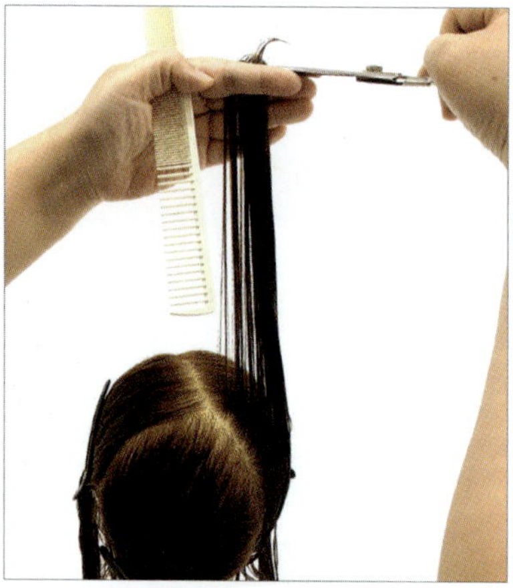

6. 계속해서 피봇 라디얼 섹션(pivot radial section)을 뜨고 직각으로 들어 올려 커트한 후 사이드로 진행하면서 오버 디렉션(over direction)하여 커트를 진행한다.

7. 반대편도 수평이 되게 패널을 들어 올리고 90°로 직각이 되게 빗질하여 같은 방법으로 커트한다.

8. 다이애거널 백 섹션(diagonal back section)을 이용하여 크로스체크를 한다.

9. 사이드(side)에서 호리존탈 섹션(horizontal section)을 뜨고 이어 포인트(ear point) 위의 모발이 수직이 되게 들어 올린 후 호리존탈 섹션과 평행하게 스퀘어 컷(square cut)한다. 이때 후두부의 가이드 라인을 따라 온 더 베이스(on the base)로 커트한다.
페이스 라인의 마지막 섹션은 이전 섹션까지 백(back)으로 뒤로 당겨 자른다.

10. 반대편 사이드(side)도 같은 방법으로 크라운에서 센터 방향으로 호리존탈 섹션(horizontal section)을 이용하여 커트한다.

11. 전체 두상의 모발을 호리존탈(horizontal)로 들어 스퀘어 라인(square line)이 만들어졌는지 체크한다.

12. 전체 두상의 모발을 버티컬(vertical)과 호리존탈(horizontal)로 들어 스퀘어 라인이 만들어졌는지 살펴보고 밸런스 체크한다.

완성

스타일링 1

스타일링 2

스타일링 3

Key point

1. 프론트(front)의 자연스러운 아웃라인(out line)을 위해서 페이스 라인(face line)의 마지막 섹션을 뒤로 당겨 자르는데 그 이유는 프론트 사이드 포인트(F.S.P)의 움푹 들어간 부위의 길이가 짧아지는 것을 방지하기 위해서이다.

2. 센터(center)에서의 길이 설정에 따라 전체 모발의 길이가 결정되므로 얼굴형과 디자인에 따라 길이 설정을 한다.

Notes

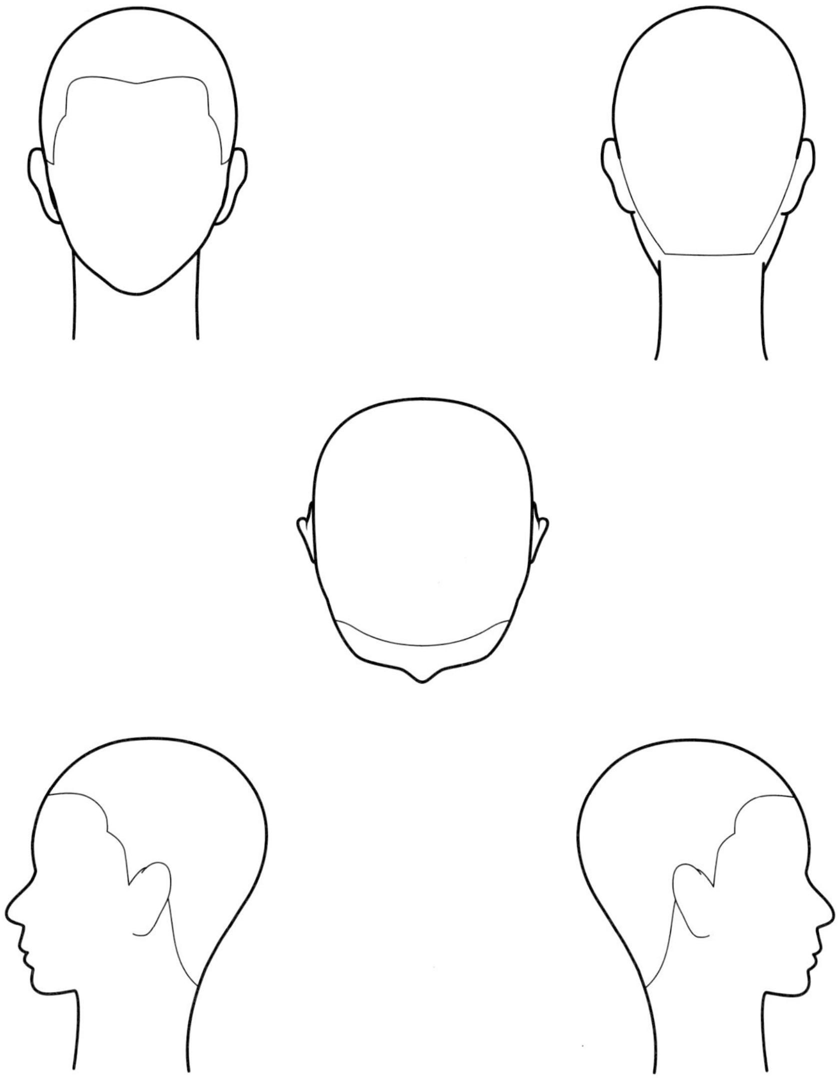

5. 포워드 레이어(Forward Layer)

포워드 레이어(forward layer)는 층이 진 모발이 얼굴을 감싸면서 흘러내리는 인크리스 레이어 스타일(increase layer style)로 톱(top)에서 네이프(nape)로 진행될수록 길이가 길어지는 스타일이다. 짧은 모발보다 미디움에서 롱의 길이를 가진 모발에 부드럽고 가벼운 형태를 만드는데 효과적이다. 특히 다양한 얼굴형에 적용이 가능하여 시술의 범위가 넓다.

1) 구조

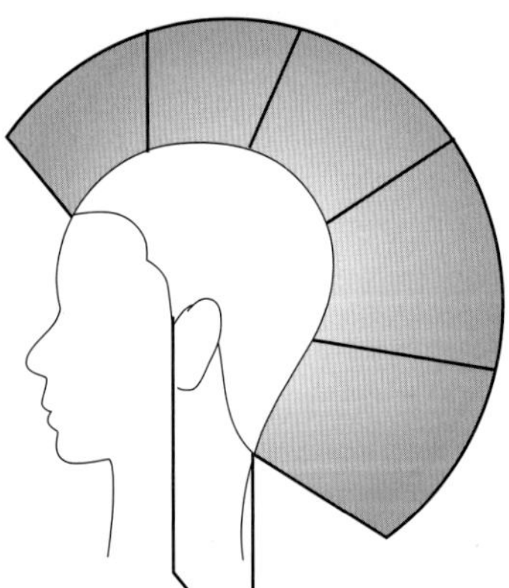

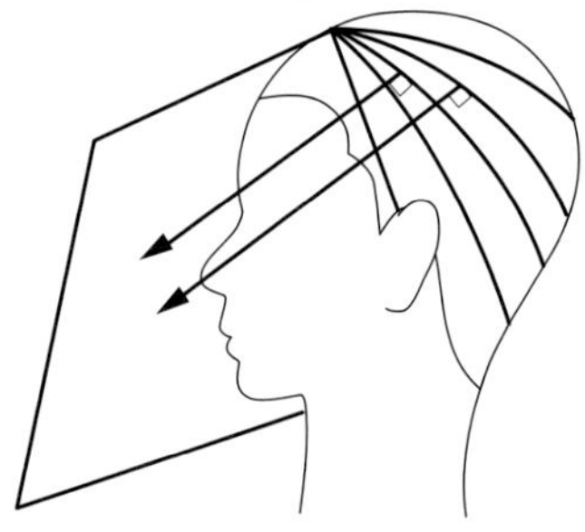

2) 섹션

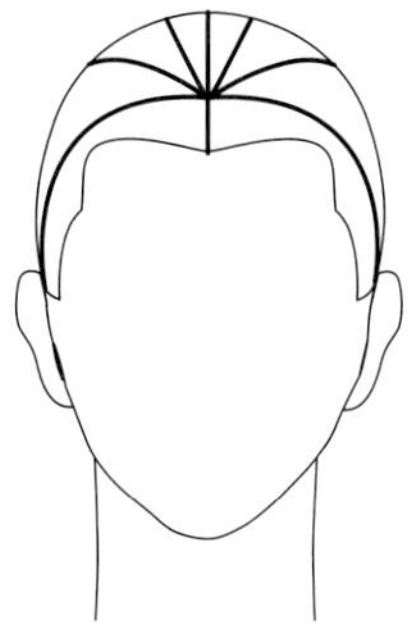

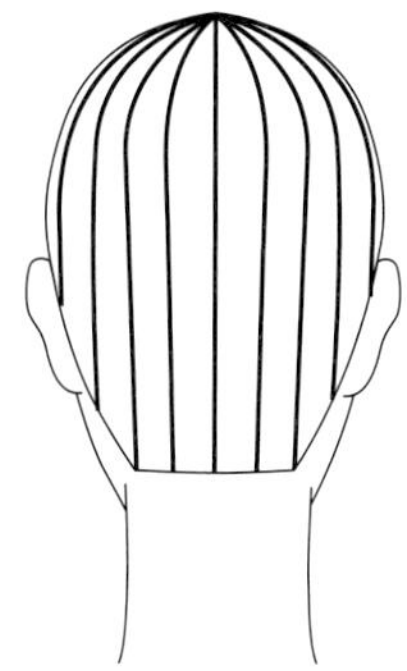

3) 테크닉

❶ 섹션 : 사이드(side) - 다이애거널 백 섹션(diagonal back section)

❷ 빗질 : 90° T자 빗질

❸ 각도 : 움직이지 않는 45°

❹ 컷 : 베이스라인(base line)에 맞추어 블런트 컷(blunt cut)

❺ 베이스 : 기점별 베이스

❻ 모발 길이 설정 : 센터에서 사이트코너포인트로 내려갈수록 길어지게 설정

시술 과정(processing)

시술 전

1. 포워드 레이어(forward layer)를 시작하기 전 스퀘어 원랭스(square one length)를 잘라 아웃라인의 길이를 조절하고 베이스 컷(base cut)을 해둔다. 이어 포인트의 길이가 포워드 레이어의 가이드 길이가 되므로 양쪽의 밸런스를 체크한다.

2. 프론트(front)에서 센터 포인트(center point)를 중심으로 뒤쪽으로 1.5~2cm의 피봇 라디얼 섹션(pivot radial section)을 탄다.

3. 피봇 라디얼 섹션(pivot radial section)에서 빗의 각도를 90°로 한 'T'자가 되게 빗질을 한 후 이어 백 섹션(Ear back setion)에서의 길이를 기준으로 이어 포인트(E.P)에서 센터(center)로 올라가면서 길이가 짧아지도록 가이드 라인을 만든다. 이때 패널을 너무 많이 들면 얼굴에서 위쪽 모발이 짧아져 그래쥬에이션 층이 많이 생기므로 얼굴에서 45° 로 각도를 설정한 후 커트하도록 한다.

4. 다음 섹션을 탈 때 첫 섹션에 사용한 피봇 라디얼 섹션(pivot radial section)의 꼭짓점에서 방사선으로 다이애거널 백 방향이 될 수 있도록 피봇 라디얼 섹션(pivot radial section)을 뜬 후 가이드 라인에 맞추어 커트한다.

5. 계속해서 후두부로 진행하면서 빗의 각도가 90°도가 되는 'T'자 빗질을 이용하여 가이드 라인의 길이에 맞추어 커트한다. 이어 백 포인트(ear back point) 밑의 모발은 빗어도 커트할 부분의 모발 길이가 짧아 커트할 수 없으므로 포워드 레이어(forward layer)에 자연스럽게 이어지도록 라인 정리만 한다.

6. 센터 파트(center part)에 도달하면 전체 모발의 길이는 가이드 라인을 중심으로 같은 라인에서 떨어지게 된다. 커트를 할수록 페이스 라인(face line)에서 멀어지는 섹션을 가이드 라인으로 가져와서 커트하므로 진행 방향의 모발 길이가 길어지게 된다.

7. 한쪽 사이드 시술 전 이미 시술한 반대편의 센터 포인트(center point)의 길이와 이어질 수 있도록 가이드 모발을 가져와 길이를 설정한다.

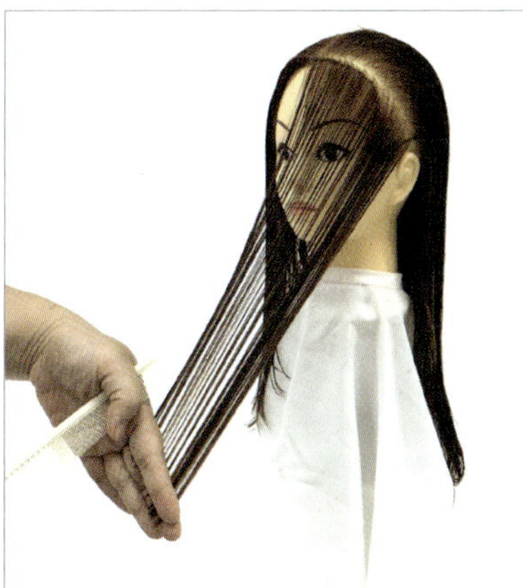

8. 반대편 사이드 페이스 라인에서 안쪽으로 1.5~2cm 지점부터 이어 백 포인트(ear back point)까지 다이애거널 백 섹션(diagonal back section)을 이용하여 이어 백 포인트(ear back point)에서부터 위쪽으로 올라가게 90°로 직각 'T'자 빗질을 한 후 커트한다.

8. 센터 시술 후 이미 시술한 파트에 같은 위치와 굵기의 섹션(section)을 떠서 가이드 라인의 밸런스 체크를 한 후 커트를 진행한다.

9. 계속해서 뒤쪽으로 다이애거널 백 섹션(diagonal back section)을 떠서 T자 빗질한 후 컷을 시술한다.

10. 앞쪽에서 삼각형 섹션을 뜬 후 양쪽 길이를 체크한다.

11. 중앙으로 섹션을 뜬 후 센터에서 톱쪽으로 갈수록 길어지는 라인을 체크한다.

12. 프론트에서 가로로 호리존탈 섹션을 뜬 후 모발을 위로 들어 체크한다.

13. 양쪽의 밸런스를 체크한다.

완성

스타일링 1

스타일링 2

스타일링 3

Key point

1. 섹션에 대해서 90°가 되게 빗질하여 'T'자로 빗질하는 부분이 어렵다면 섹션의 모양과 같이 빗등을 대고 빗살이 향하는 방향대로 빗으면 모발과 섹션이 90°가 된다.

2. 시술 과정 7에서와 같이 이어 백 포인트(E.B.P)에서부터 컷을 해서 올라가는 이유는 오른손잡이들의 경우 왼쪽 파트 시술 시 위에서 아래로 내려올 때 손목의 각도를 바깥쪽으로 꺾지 않을 경우 길이를 잘라버릴 가능성이 크기 때문에 아래에서부터 위로 길이를 지키면서 컷을 해서 올라간다.

Notes

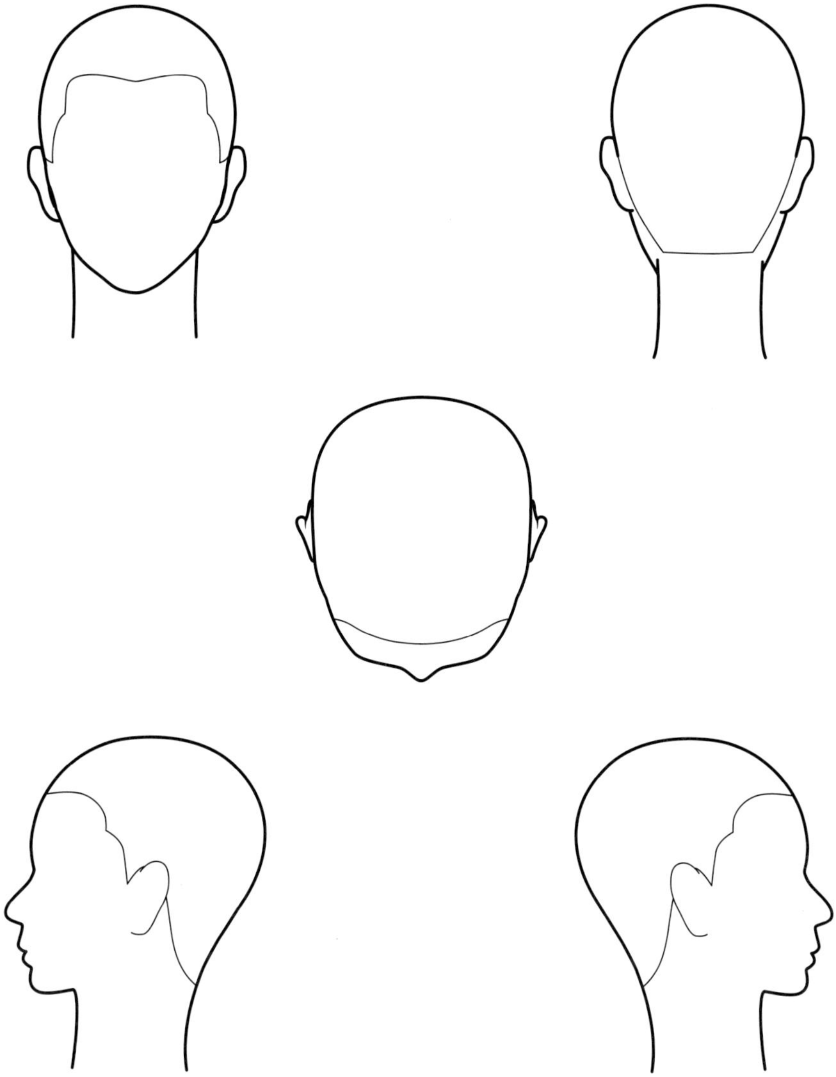

용어 정의

A

angle : 두피에서부터 모발을 들어 올리는 각도
area : 구역, 부위
asymmetric : 비대칭, 불균형

B

back : 뒷면, 후방, 백 포인트(B . P)를 중심으로 한 두상의 뒷면
backward : 앞에서 뒤로
base : 커트할 양 만큼 뜬 바탕 모발
brick cut : 패널을 지그재그로 집어 숱을 제거하는 기법
blunt cut : 가위로 모발의 단면을 수평으로 자르는 컷
blocking : 헤어 시술을 위하여 두상을 큰 구획으로 나누는 것
blow dry : 헤어 컷 시술 후 형태를 알 수 있게 모발을 말리는 것
build up the weight : 무게감을 쌓는 것으로 그래쥬에이션 시술을 할 때 볼륨을 쌓아 나가는 것

C

center point : 페이스 라인에서 두상으로 이어지는 가장 중심 점
channeling : 컷 테크닉의 하나로 모발 속으로 가위를 넣어 많은 모량을 제거하는 기법
check cut : 컷 시술 후 작업의 완성도를 높이기 위하여 재커트하여 컷을 점검하는 것
comb out : 빗으로 모발을 빗는 것
concave : 볼록한 형태로 중앙보다 앞쪽 머리가 긴 형태
convex : 오목한 형태로 중앙이 사이드보다 긴 형태
crest : 두상의 둘레가 가장 넓은 부분
crown : 두상의 최정상 부분으로 왕관을 쓰는 부위

D

deep pointing cut : 모량을 제거하는 기법으로 모발 속으로 가위를 깊숙이 넣어 커트하는 것

diagonal section : 사선, 평면에 대해서 사선을 이루는 선
diagonal forward section : 전대각, 대각선으로 앞쪽으로 기울어지는 사선
diagonal backward section : 후대각, 대각선으로 뒤쪽으로 기울어지는 사선
disconnection : 선이 연결되지 않은 상태

E

elevation : 각도를 들어 올리는 것으로 헤어 컷 시술 시 층을 주는 기법
etching cut : 모발의 바깥 단면을 제거하는 기법으로 바깥말음의 효과가 있다.

F

face line : 얼굴선
flat : 납작한, 평평한
forward : 앞쪽, 앞 방향
free hand cut : 빗과 손을 사용하지 않고 가위로 커트하는 것
front : 전면, 두상의 전면
form : 형태

G

geometric : 기하학적인
golden point : 톱 포인트와 백 포인트의 중간 부분으로 두상에서 오목히 들어간 부분
guide line : 헤어 컷 시 기준이 되는 선, 가장 먼저 커트하는 라인

H

hair line : 이마와 경계되며 머리가 자라고 있는 시작선
horizontal : 평면에 대해 수평인 선
horse shoes section : 말발굽 모양의 U 블록 섹션

I

in cut : 가위를 안으로 넣음
internal : 모발의 안쪽을 이용하여 볼륨을 줄 때 사용

L

layering : 섹션을 들어 층을 만드는 것

N

nape : 목덜미
nape line : 모발이 나기 시작하는 선= hem line
natural : 자연스러운
natural falling : 모발이 자연스럽게 중력 방향으로 떨어지는 상태
notching cut : 가위를 45°로 세워 커트된 단면이 불규칙하게 커트하는 것

O

occipital bone : 후두골, 백 포인트(B.P) 밑에 튀어나온 뼈
off base : 컷의 접점이 베이스에서 벗어난 것
on base : 컷의 접점이 베이스의 정중앙에 온 것
one length cut : 컷의 라인이 층이 없이 하나의 선에서 모이는 컷 형태
out cut : 가위를 밖으로 뺌
out line : 컷 형태의 가장 바깥라인
over direction : 베이스의 정중앙을 벗어난 각도로 각을 좌우로 옮기는 것

P

panel : 직사각형의 모발로 한 장의 판과 같이 떠낸 머리 다발
parallel : 섹션과 컷 라인이 동일하게 평행을 이룸
pivot radial section : 한 점을 중심으로 방사선으로 뻗어나가는 섹션
pointing cut : 가위 끝을 이용하여 무거운 부위의 모량을 제거하는 기법

R

refine : 블로우 드라이 후 아웃라인을 정리하는 것
remove weight : 모발의 무게감을 없애는 것
recession area : 두상의 폭이 가장 넓은 부위

S

scissor over comb : 빗으로 모발을 들어 올린 후 빗 바깥으로 튀어나온 모발을 커트하는 것
section : 블로킹된 모발을 커트하기 용이하게 더 작은 부분으로 나눈 것
shape : 모양, 형상
shingling : 목 부분이나 사이드를 매우 짧게 자르는 것
side : 측면, 옆면
side base : 컷의 접점이 양쪽 사이드 중 한 곳에 위치하는 것
slice : 일면, 일정량의 모발을 얇게 뜬 것
slide cut : 가위를 개폐 하면서 C-커버를 그리면서 커트하는 테크닉
square cut : 전체 컷 라인이 네모 형태를 띠는 것
straight out : 베이스의 중심에서 그래도 앞으로 당기는 것
strock : 모발 끝이 가늘어지게 커트하는 기법
symmetric : 대칭, 균형, 무게감이나 길이 볼륨 등이 균형을 이루는 것

T

tapering : 붓 끝처럼 모발 끝으로 갈수록 점차 가늘게 커트하는 방법
temple area : 관자놀이 부위의 움푹 들어간 부분
tension : 모발을 당기는 정도
texture : 질감, 모발의 느낌
thinning : 모발 숱을 제거하여 모량을 줄이는 것
top : 정점, 두부에서 가장 높은 부분
trimming : 모발 끝을 정리하고 다듬는 것
twist cut : 일정량의 모발을 꼬아 한쪽 단면을 군데군데 자르는 질감 처리 기법

V

vertical : 평면에 대해 수직인 라인
vertical section : 세로 섹션
visual check : 형태를 눈으로 확인하는 것

W

weight : 무게
weight line : 무게선감을 나타내는 선
weight out : 레이어 컷에서 무게감을 제거하는 것

참고문헌

- 헤어커트 디자인. 교육부. NCS 학습모듈.
- Hair Cutting Way(2006). 도서출판 청람. 김희숙 외 3인
- C.C.C Hair Cut(2006). 청구문화사. 김영미 외 9인
- Basic Hair Cut Design(2014). 도서출판 청람. 공차숙 외 3인
- CUTTING THE VIDALSASOON WAY(2003). Butterworth-Heinemann. VIDAL SASSON
- Classic Cuts2(2001). Mascolo. TONI&GUY